Desalegn Amenu
Ayantu Nugusa

Biologia microbiana

Desalegn Amenu
Ayantu Nugusa

Biologia microbiana

Perspectivas sobre a diversidade e a função

ScienciaScripts

Imprint

Cover image: www.ingimage.com

This book is a translation from the original published under ISBN 978-620-7-84190-5.

Publisher:
Sciencia Scripts
is a trademark of
Dodo Books Indian Ocean Ltd. and OmniScriptum S.R.L publishing group

120 High Road, East Finchley, London, N2 9ED, United Kingdom
Str. Armeneasca 28/1, office 1, Chisinau MD-2012, Republic of Moldova, Europe
Managing Directors: Ieva Konstantinova, Victoria Ursu
info@omniscriptum.com

Printed at: see last page
ISBN: 978-620-8-54702-8

Conteúdo

Prefácio

O prefácio de um livro sobre biologia microbiana serve de introdução ao fascinante mundo dos microrganismos e ao seu profundo impacto em vários aspectos da vida. Começa por contextualizar a microbiologia, destacando o seu papel fundamental na investigação científica e nas aplicações em várias disciplinas. Esta secção inclui frequentemente uma breve narrativa histórica, celebrando as principais descobertas e os pioneiros que moldaram a nossa compreensão dos micróbios. O prefácio descreve o âmbito do livro, detalhando os diversos tópicos abrangidos - desde a diversidade e ecologia microbianas à patogénese, aplicações industriais e biotecnologia. Esclarece o público-alvo, quer sejam estudantes, investigadores ou profissionais, e explica como o conteúdo está estruturado, normalmente organizado em capítulos centrados em temas ou aplicações específicos. Além disso, sublinha a importância da biologia microbiana na saúde humana, na sustentabilidade ambiental e na indústria, fornecendo um vislumbre das direcções futuras e das tendências emergentes neste domínio. Por fim, o prefácio pode agradecer aos colaboradores e colaboradores cujas ideias e apoio foram fundamentais para a concretização do livro.

CAPÍTULO 1

Introdução à Biologia Microbiana

1.1 Visão geral da microbiologia

A microbiologia é o ramo da ciência que se ocupa do estudo dos microrganismos, que são entidades minúsculas, frequentemente microscópicas, que incluem bactérias, archaea, vírus, fungos, protozoários e algas. Estes organismos desempenham papéis cruciais em vários ecossistemas, processos industriais e na saúde humana. Esta visão geral fornece uma compreensão fundamental da microbiologia, explorando a sua definição, âmbito, desenvolvimento histórico e o significado dos microrganismos.

1.2 Definição e âmbito da microbiologia

Definição de Microbiologia

A microbiologia é o ramo da ciência que estuda os microrganismos, que são entidades microscópicas que muitas vezes não podem ser vistas a olho nu. Este domínio engloba uma vasta gama de formas de vida, incluindo bactérias, archaea, vírus, fungos, protozoários e algas. O estudo destes organismos envolve a compreensão da sua estrutura, função, genética, fisiologia, ecologia e os papéis que desempenham em vários ambientes, bem como as suas interações com os seres humanos, animais, plantas e outros micróbios.

Âmbito da Microbiologia

O âmbito da microbiologia é vasto, abrangendo uma grande variedade de sub-disciplinas e aplicações que realçam a importância dos microrganismos em diferentes contextos. Eis algumas das principais áreas no âmbito da microbiologia:

2. **Sub-disciplinas da Microbiologia**:

- o **Bacteriologia**: Estudo das bactérias, incluindo a sua classificação, fisiologia e papel nas doenças.
- o **Virologia**: Estudo de vírus e de agentes semelhantes a vírus, centrado na sua estrutura, função e impacto nas células hospedeiras.
- o **Micologia**: Estudo dos fungos, incluindo leveduras, bolores e cogumelos, com ênfase nos seus papéis ecológicos e aplicações.
- o **Parasitologia**: Estudo dos protozoários e vermes parasitas, incluindo os seus ciclos de vida, interações com os hospedeiros e métodos de controlo.
- o **Ficologia (ou Algologia)**: Estudo das algas, centrado na sua diversidade, ecologia e utilização em biotecnologia.
- o **Ecologia microbiana**: Estudo das interações microbianas com os seus ambientes, incluindo o seu papel no ciclo de nutrientes e no funcionamento dos ecossistemas.
- o **Microbiologia médica**: Estudo dos micróbios que causam doenças nos seres humanos e nos animais, incluindo os mecanismos de patogénese e as respostas imunitárias.
- o **Microbiologia industrial**: Utilização de microrganismos em processos industriais, tais como fermentação, bioremediação e produção de biocombustíveis,

enzimas e produtos farmacêuticos.

3. **Tópicos-chave em microbiologia**:

- **Fisiologia microbiana**: Compreender os processos metabólicos e as actividades bioquímicas dos microrganismos.
- **Genética Microbiana**: Estudo da forma como os genes são organizados, regulados e transmitidos nos microrganismos, incluindo a engenharia genética e a tecnologia do ADN recombinante.
- **Patogénese microbiana**: Mecanismos pelos quais os micróbios causam doenças, incluindo factores de virulência e interações hospedeiro-patogénio.
- **Biotecnologia microbiana**: Aplicação de processos e capacidades microbianas para desenvolver produtos e tecnologias úteis.
- **Microbiologia ambiental**: Estudo das comunidades microbianas em ambientes naturais e artificiais, e o seu papel nos processos ambientais.

4. **Aplicações da microbiologia**:

- **Cuidados de saúde**: Desenvolvimento de antibióticos, vacinas e instrumentos de diagnóstico para detetar e tratar doenças infecciosas.
- **Agricultura**: Utilização de micróbios benéficos para aumentar a fertilidade do solo, controlar as pragas e promover o crescimento das plantas.
- **Indústria alimentar**: Produção de alimentos e bebidas fermentados e garantia da segurança alimentar através do controlo da qualidade microbiana.
- **Gestão ambiental**: Utilização de micróbios no tratamento de resíduos, bioremediação e controlo da poluição.
- **Biotecnologia**: Manipulação genética de micróbios para produzir biocombustíveis, produtos farmacêuticos e outros produtos valiosos.

5. **Ligações interdisciplinares**:

- **Biologia molecular**: A microbiologia sobrepõe-se à biologia molecular no estudo dos mecanismos moleculares da vida microbiana.
- **Imunologia**: As interações entre os micróbios e o sistema imunitário são cruciais para a compreensão e o desenvolvimento de tratamentos para as doenças infecciosas.
- **Ciência ambiental**: Os processos microbianos são fundamentais para a compreensão e atenuação de questões ambientais como as alterações climáticas e a poluição.
- **Bioinformática**: As ferramentas computacionais são essenciais para a análise de grandes conjuntos de dados gerados por estudos genómicos, proteómicos e metagenómicos em microbiologia.

A microbiologia é, por conseguinte, um domínio interdisciplinar e dinâmico que faz a ponte entre muitas áreas da ciência e da tecnologia. O seu vasto âmbito abrange a investigação fundamental sobre a biologia dos microrganismos, as suas aplicações em várias indústrias e o seu impacto na saúde e no ambiente. À medida que a nossa compreensão dos microrganismos se aprofunda, o campo da microbiologia continua a expandir-se, oferecendo novas perspectivas e inovações que abordam alguns dos desafios mais prementes que a sociedade enfrenta atualmente.

1.2. Evolução histórica

O desenvolvimento histórico da microbiologia é uma viagem fascinante marcada por marcos importantes e contribuições de cientistas pioneiros. Aqui estão os destaques de algumas das figuras e descobertas mais influentes neste domínio:

Antonie van Leeuwenhoek (1632-1723):

Antonie van Leeuwenhoek (1632-1723) é de facto reconhecido como o "Pai da Microbiologia" devido às suas contribuições pioneiras neste campo. Eis um olhar pormenorizado sobre as suas realizações:

1. **Avanços na Microscopia**:

o A contribuição mais significativa de Van Leeuwenhoek foi o aperfeiçoamento do microscópio. Desenvolveu microscópios simples com lentes simples que podiam ampliar objectos até 300 vezes, ultrapassando largamente as capacidades dos microscópios contemporâneos.

o Os seus microscópios consistiam numa única lente de alta qualidade que ele próprio fabricava, permitindo-lhe atingir níveis de ampliação e resolução sem precedentes.

2. **Observação de microorganismos**:

o Utilizando os seus microscópios avançados, van Leeuwenhoek tornou-se a primeira pessoa a observar e descrever microorganismos com exatidão.

o Observou vários microrganismos, incluindo bactérias, protozoários e espermatozóides, que designou por "animalcules" ou "pequenos animais".

3. **Descrições pormenorizadas**:

o Van Leeuwenhoek documentou meticulosamente as suas observações em cartas detalhadas para a Royal Society de Londres, onde descreveu a estrutura, o movimento e o comportamento dos microrganismos que observou.

o As suas descrições forneceram informações cruciais sobre o mundo dos microrganismos, desafiando a crença predominante na geração espontânea e apoiando a ideia de biogénese (organismos vivos que surgem de outros organismos vivos).

4. **Contribuições para a microbiologia**:

o As descobertas de Van Leeuwenhoek lançaram as bases para o campo da microbiologia, demonstrando a existência de um vasto mundo invisível de formas de vida minúsculas.

o O seu trabalho inspirou cientistas posteriores, incluindo Louis Pasteur e Robert Koch, que aprofundaram o estudo dos microrganismos e do seu papel na saúde, na doença e no ambiente.

5. **Legado**:

o As contribuições de Van Leeuwenhoek valeram-lhe um legado duradouro como um dos maiores pioneiros da história da ciência.

o Os seus avanços na microscopia e as suas observações de microrganismos foram fundamentais para moldar a nossa compreensão do mundo microbiano, abrindo caminho para a microbiologia moderna e as suas aplicações em vários domínios.

Figura 1. Antonie van Leeuwenhoek (1632-1723):

Louis Pasteur (1822-1895):

Louis Pasteur (1822-1895) foi uma figura de destaque no campo da microbiologia e fez várias contribuições inovadoras que revolucionaram a nossa compreensão dos microrganismos e o seu impacto em vários aspectos da vida. Eis uma análise aprofundada dos seus feitos:

1. **Desmentir a geração espontânea**:

o Pasteur realizou experiências que refutaram definitivamente a teoria da geração espontânea (abiogénese), que propunha que os organismos vivos podiam surgir espontaneamente a partir de matéria não viva.

o As suas experiências, como a do balão de pescoço de cisne, demonstraram que os microrganismos presentes no ar podiam contaminar as soluções estéreis, mas não se geravam espontaneamente no seu interior, apoiando o conceito de biogénese (vida a partir de vida preexistente).

2. **Fermentação e Pasteurização**:

Os estudos de Pasteur sobre a fermentação revelaram que os microrganismos, em particular as leveduras, eram responsáveis pela conversão de açúcares em álcool e dióxido de carbono em processos como a produção de vinho e cerveja.

o Desenvolveu o processo de pasteurização, que envolve o aquecimento de líquidos como o leite ou o vinho a uma temperatura específica durante um determinado período de tempo para matar bactérias nocivas e evitar a deterioração, mantendo a qualidade do produto.

3. **Teoria Germinal da Doença**:

o As investigações de Pasteur sobre as causas das doenças levaram ao estabelecimento da teoria germinal das doenças. Demonstrou que os microrganismos, nomeadamente as bactérias e os vírus, eram os agentes responsáveis pelas doenças infecciosas.

- Esta teoria revolucionou a medicina ao mudar o foco das teorias dos miasmas (mau ar) para a compreensão do papel dos agentes patogénicos na causa das doenças.

4. **Vacinas e imunização**:

O trabalho de Pasteur lançou as bases para o desenvolvimento de vacinas. Desenvolveu vacinas contra a raiva e o carbúnculo, que constituíram avanços significativos no domínio da imunização.

- A sua vacina contra a raiva, desenvolvida através da atenuação do vírus, marcou a primeira vacina bem sucedida contra uma doença viral.

5. **Legado e impacto**:

- As descobertas e técnicas de Pasteur tiveram um impacto profundo na saúde pública, na segurança alimentar e no tratamento de doenças infecciosas.
- Os seus contributos para a microbiologia, imunologia e vacinação lançaram as bases da medicina moderna e das práticas de cuidados de saúde preventivos.

De um modo geral, as realizações de Louis Pasteur ao refutar a geração espontânea, desenvolver a pasteurização, estabelecer a teoria germinal da doença e ser pioneiro na imunização através de vacinas tiveram um efeito transformador na compreensão científica e abriram caminho para avanços significativos na microbiologia e na medicina.

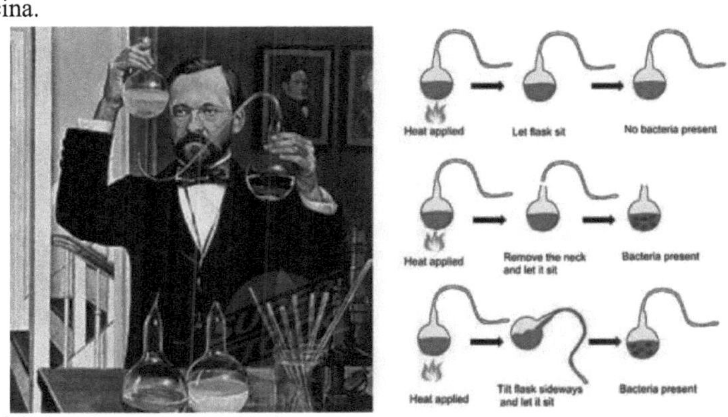

Figura 2. Louis **Pasteur e as suas contribuições**

Robert Koch (1843-1910):

Robert Koch (1843-1910) foi um microbiologista pioneiro, cujo trabalho contribuiu significativamente para a compreensão das doenças infecciosas e lançou as bases para a

para a microbiologia e epidemiologia modernas. Eis as suas principais contribuições:

1. **Postulados de Koch**:

o Koch formulou um conjunto de critérios conhecidos como postulados de Koch, que são utilizados para estabelecer o agente causador de uma doença. Estes postulados são:

1. O microrganismo deve estar presente em todos os casos da doença, mas ausente nos indivíduos saudáveis.
2. O microrganismo deve ser isolado e cultivado em cultura pura.
3. O microrganismo cultivado deve causar doença quando introduzido num hospedeiro saudável.
4. O mesmo microrganismo deve ser re-isolado do hospedeiro experimental doente.

2. **Identificação de micróbios causadores de doenças**:

o Koch aplicou com sucesso os seus postulados para identificar os micróbios específicos responsáveis por várias doenças:

■ Tuberculose: Descobriu *o Mycobacterium tuberculosis* como o agente causador da tuberculose, um grande avanço na compreensão e combate a esta doença mortal.

■ Cólera: Koch identificou *o Vibrio cholerae* como a bactéria responsável pela cólera, uma doença transmitida pela água que causa desidratação grave e sintomas gastrointestinais.

■ Antraz: Isolou e caracterizou *o Bacillus anthracis,* a bactéria que causa o antraz, uma doença que afecta os animais e, ocasionalmente, os seres humanos.

3. **Contribuições para o controlo das doenças infecciosas**:

o O trabalho de Koch contribuiu significativamente para a compreensão das doenças infecciosas ao estabelecer uma relação causal entre micróbios específicos e doenças.

o A sua investigação lançou as bases para o diagnóstico, tratamento e estratégias de prevenção de doenças, incluindo o desenvolvimento de vacinas e terapias antimicrobianas.

4. **Técnicas microbiológicas**:

o A investigação de Koch envolveu o desenvolvimento e o aperfeiçoamento de técnicas microbiológicas, tais como culturas em placas de ágar e métodos de coloração, que se tornaram ferramentas fundamentais nos laboratórios de microbiologia.

o As suas contribuições para as técnicas e protocolos laboratoriais fizeram avançar o domínio da microbiologia e permitiram o estudo sistemático dos agentes infecciosos.

5. **Legado e impacto**:

o As descobertas e metodologias de Koch tiveram um impacto profundo na saúde pública, na epidemiologia e na microbiologia.

o O seu trabalho lançou os alicerces da teoria germinal das doenças e forneceu uma base científica para as medidas de controlo das doenças infecciosas.

o Os postulados de Koch continuam a ser relevantes na investigação microbiológica e na investigação de doenças, moldando a forma como as doenças infecciosas são estudadas e compreendidas.

Em resumo, a formulação dos postulados de Koch por Robert Koch, a identificação dos micróbios causadores de doenças e as contribuições para o controlo das doenças infecciosas foram fundamentais para a formação da microbiologia moderna e para a nossa compreensão da
impacto do mundo microbiano na saúde humana.

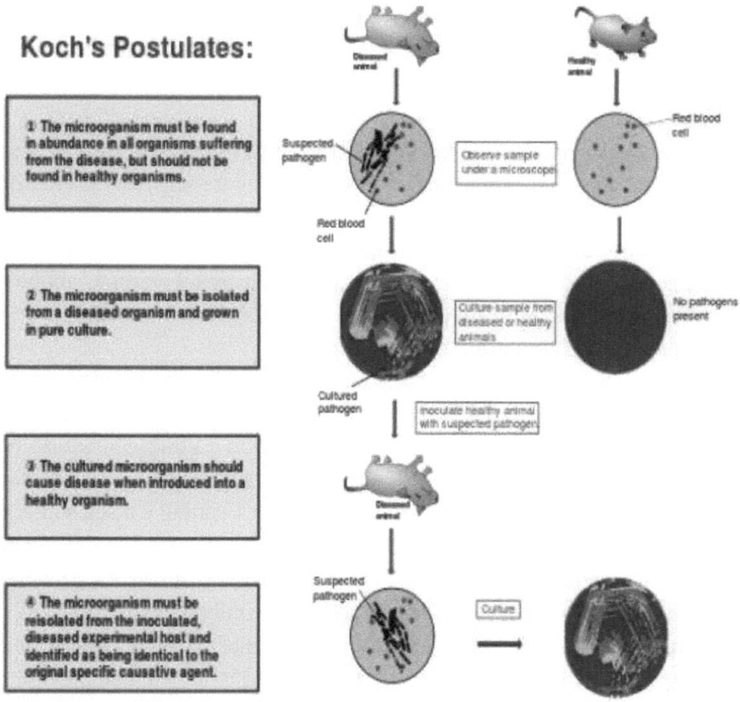

Figura 3Robert Koch e os postulados de Koch

Alexander Fleming (1881-1955):

Parece haver uma ligeira confusão nas informações fornecidas. Louis Pasteur não descobriu a penicilina; esse crédito cabe a Sir Alexander Fleming. Aqui está a informação correta sobre a penicilina e Alexander Fleming:

1. **Descoberta da penicilina**:

o Sir Alexander Fleming (1881-1955), um bacteriologista escocês, descobriu a penicilina em 1928.

o Fleming observou que um bolor pertencente ao género Penicillium, especificamente *o Penicillium notatum*, inibia o crescimento de bactérias numa placa de cultura.

o Observou uma área clara (zona de inibição) à volta do bolor onde as bactérias não conseguiam crescer, sugerindo que o bolor produzia uma substância com propriedades antibacterianas.

2. **Desenvolvimento da penicilina**:

o A descoberta por Fleming das propriedades antibacterianas da penicilina foi significativa, mas os esforços iniciais para isolar e produzir o antibiótico em grandes quantidades foram um desafio.

o Foi só na década de 1940, com o trabalho de Howard Florey, Ernst Boris Chain e Norman Heatley, que a penicilina foi purificada com sucesso, produzida em quantidades suficientes e utilizada clinicamente.

3. **Impacto da penicilina**:

o A penicilina revolucionou o tratamento de infecções bacterianas e é considerada o primeiro verdadeiro antibiótico.

o A sua introdução marcou um ponto de viragem na medicina, uma vez que as infecções bacterianas anteriormente mortais podiam agora ser tratadas eficazmente com penicilina.

o O desenvolvimento e a utilização generalizada da penicilina lançaram as bases para a descoberta e o desenvolvimento de numerosos outros antibióticos, conduzindo a avanços significativos na gestão das doenças infecciosas.

4. **Legado e reconhecimento**:

o A descoberta da penicilina por Alexander Fleming valeu-lhe o Prémio Nobel da Fisiologia ou Medicina em 1945, partilhado com Howard Florey e Ernst Boris Chain pelas suas contribuições para o desenvolvimento e utilização terapêutica da penicilina.

Em resumo, a descoberta da penicilina por Alexander Fleming e o seu subsequente desenvolvimento como antibiótico eficaz tiveram um impacto profundo na medicina, melhorando significativamente o tratamento das infecções bacterianas e abrindo caminho à descoberta e utilização de outros antibióticos que salvam vidas. Estas figuras e as suas descobertas representam momentos fulcrais na história da microbiologia. O seu trabalho não só fez avançar a nossa compreensão dos microrganismos, como também teve profundas implicações para a medicina, a saúde pública e a indústria alimentar. Os contributos destes cientistas lançaram as bases para mais investigação e inovações em microbiologia, moldando o campo para o que é hoje.

Importância dos microrganismos

Os microrganismos são parte integrante de muitos aspectos da vida na Terra. A sua importância é evidente nos seguintes domínios:

5. **Funções ecológicas**:

o **Decompositores**: Os microrganismos desempenham um papel crucial na decomposição da matéria orgânica morta, reciclando nutrientes como o carbono, o azoto e o fósforo de volta aos ecossistemas, sustentando a vida.

o **Simbiontes**: Certos micróbios formam relações simbióticas benéficas com outros organismos. Por exemplo, as bactérias fixadoras de azoto nas raízes das plantas convertem o azoto atmosférico numa forma que as plantas podem utilizar, ajudando-as a crescer.

- **Produtores Primários**: As algas e as cianobactérias são produtores primários que realizam a fotossíntese, produzindo oxigénio e formando a base de muitas cadeias alimentares nos ecossistemas aquáticos.

6. **Aplicações industriais**:

- **Produção de alimentos e bebidas**: Os micróbios são utilizados em processos de fermentação para produzir vários alimentos e bebidas, incluindo pão, queijo, iogurte, cerveja e vinho, melhorando os sabores e as texturas.
- **Produtos farmacêuticos**: Os microrganismos são cruciais para a produção de antibióticos, enzimas, vacinas e outros produtos farmacêuticos através de processos de fermentação e biotecnológicos.
- **Bioremediação**: Certos micróbios têm a capacidade de decompor e desintoxicar poluentes ambientais como derrames de petróleo, metais pesados e produtos químicos, contribuindo para os esforços de limpeza ambiental.
- **Biotecnologia**: A engenharia genética de micróbios permite a produção de compostos valiosos, como a insulina, as hormonas de crescimento e os agentes terapêuticos, fazendo avançar as aplicações médicas e industriais.

7. **Relevância médica**:

- **Agentes patogénicos**: Embora alguns micróbios causem doenças infecciosas, levando a problemas de saúde nos seres humanos, animais e plantas, a compreensão dos seus mecanismos ajuda a desenvolver tratamentos e medidas preventivas.
- **Microbioma**: Os micróbios benéficos no corpo humano, especialmente no microbioma intestinal, ajudam na digestão, na absorção de nutrientes, protegem contra agentes patogénicos nocivos e desempenham um papel na regulação do sistema imunitário.
- **Modelos de investigação**: Micróbios como a Escherichia coli e a Saccharomyces cerevisiae servem como organismos modelo na investigação genética e de biologia molecular, fornecendo conhecimentos sobre processos biológicos fundamentais.

8. **Avanços biotecnológicos**:

- **Engenharia genética**: Técnicas como a tecnologia do ADN recombinante e CRISPR permitem a manipulação precisa de genomas microbianos para aplicações na medicina, agricultura e indústria, conduzindo a novas terapias e produtos.
- **Biologia sintética**: A conceção e construção de novos sistemas e materiais biológicos utilizando plataformas microbianas oferecem soluções inovadoras em biomedicina, produção de energia e sustentabilidade ambiental.

A microbiologia é um domínio diversificado e dinâmico que tem profundas implicações para a ciência, a indústria e a medicina. Compreender os microrganismos e as suas interações com o ambiente e outros organismos é essencial para aproveitar o seu potencial e enfrentar desafios como as doenças infecciosas, a resistência aos antibióticos e a degradação ambiental. Este capítulo fornece uma visão geral fundamental, preparando o terreno para uma exploração mais pormenorizada da biologia microbiana nos capítulos seguintes.

1.3 . Classificação dos micróbios

Os microrganismos, também conhecidos como micróbios, englobam uma vasta gama de formas de vida microscópicas que desempenham papéis essenciais em vários ecossistemas, indústrias e contextos de saúde. Eis uma descrição dos principais grupos da classificação microbiana:

1. **Bactérias**:

o **Descrição**: As bactérias são organismos procarióticos unicelulares que não possuem um núcleo e organelos ligados à membrana. Existem em várias formas (por exemplo, cocos, bacilos, espirilas) e tamanhos.

o **Metabolismo**: As bactérias apresentam diversas capacidades metabólicas, incluindo respiração aeróbica, fermentação anaeróbica e fotossíntese.

o **Habitats**: Encontrados em praticamente todos os ambientes, desde o solo e a água até habitats extremos como fontes termais e respiradouros de águas profundas.

o **Funções**: Papéis importantes como decompositores, fixadores de azoto, agentes patogénicos e contribuintes para o ciclo de nutrientes.

o **Exemplos**: *Escherichia coli* (*E. coli*), *Streptococcus pneumoniae, Bacillus subtilis.*

2. **Archaea**:

o **Descrição**: As arqueas são também organismos procarióticos unicelulares, mas diferem das bactérias na sua genética, bioquímica e estrutura celular. Desenvolvem-se frequentemente em ambientes extremos.

o **Metabolismo**: As arqueias apresentam diversas vias metabólicas e podem ser metanogénicas, halófilas, termófilas ou acidófilas.

o **Habitats**: Encontrada em ambientes extremos, como fontes termais, lagos salgados, fontes hidrotermais de águas profundas e ambientes ácidos.

o **Funções**: Desempenham papéis cruciais no ciclo de nutrientes, nas relações simbióticas e como extremófilos adaptados a condições extremas.

o **Exemplos**: *Methanobrevibacter smithii, Halobacterium salinarum, Thermus aquaticus.*

3. **Fungos**:

o **Descrição**: Os fungos são organismos eucarióticos com um núcleo distinto e organelos ligados a membranas. Incluem leveduras, bolores e cogumelos.

o **Estrutura**: Os fungos têm paredes celulares feitas de quitina e reproduzem-se frequentemente através de esporos.

o **Metabolismo**: A maioria dos fungos são heterotróficos, obtendo nutrientes através da decomposição de matéria orgânica ou formando relações simbióticas.

o **Habitats**: Encontrados em diversos ambientes, incluindo solo, ar, água e como simbiontes nas raízes das plantas.

o **Funções**: Importantes decompositores, simbiontes, patogénicos e produtores de antibióticos e enzimas.

o **Exemplos**: *Saccharomyces cerevisiae (levedura de cerveja), Aspergillus niger, Candida albicans.*

4. **Protozoários**:

o **Descrição**: Os protozoários são organismos eucarióticos unicelulares com diversas formas e estruturas. São frequentemente móveis e podem ter flagelos, cílios ou pseudópodes.

o **Metabolismo**: Os protozoários são essencialmente heterotróficos, alimentando-se de matéria orgânica ou de outros organismos.

o **Habitats**: Encontrados em ambientes aquáticos (água doce, marinhos), no solo e como parasitas em animais e humanos.

o **Funções**: Alguns protozoários são agentes patogénicos que causam doenças como a malária, enquanto outros desempenham papéis no ciclo de nutrientes e nas cadeias alimentares.

o **Exemplos**: *Plasmodium falciparum (parasita da malária), Amoeba proteus, Paramecium caudatum.*

5. **Algas**:

o **Descrição**: As algas são organismos eucarióticos fotossintéticos diversos que variam de formas unicelulares a multicelulares, como as algas marinhas.

o **Estrutura**: As algas têm cloroplastos que contêm clorofila para a fotossíntese e podem ser de cor verde, vermelha ou castanha.

o **Habitats**: Encontrados em ambientes aquáticos (água doce, marinhos), no solo e em relações simbióticas com fungos (líquenes).

o **Funções**: Produtores primários em ecossistemas aquáticos, contribuem para a produção de oxigénio, para o ciclo de nutrientes e servem como fontes de alimento.

o **Exemplos**: *Chlamydomonas reinhardtii, Spirulina platensis, Alga gigante (Macrocystis pyrifera).*

6. **Vírus**:

o **Descrição**: Os vírus são entidades acelulares que consistem em material genético (ADN ou ARN) rodeado por um revestimento proteico (capsídeo). Não são considerados organismos vivos.

o **Estrutura**: Os vírus podem ter uma estrutura complexa ou simples, com várias formas (por exemplo, helicoidal, icosaédrica, envelopada).

o **Metabolismo**: Os vírus são parasitas intracelulares obrigatórios que necessitam de uma célula hospedeira para se replicarem e realizarem processos metabólicos.

o **Habitats**: Encontrado onde quer que existam células hospedeiras adequadas, infectando bactérias, archaea, fungos, plantas, animais e seres humanos.

o **Funções**: Podem causar doenças nos hospedeiros, contribuir para a diversidade genética através da transferência horizontal de genes e ter aplicações em biotecnologia e terapia genética.

o **Exemplos**: *Vírus da gripe*, VIH (vírus da imunodeficiência humana), *vírus do mosaico do tabaco.*

Esta classificação fornece uma visão geral dos principais grupos de microrganismos com base nas suas caraterísticas, estruturas, habitats e papéis nos ecossistemas, indústrias e saúde.

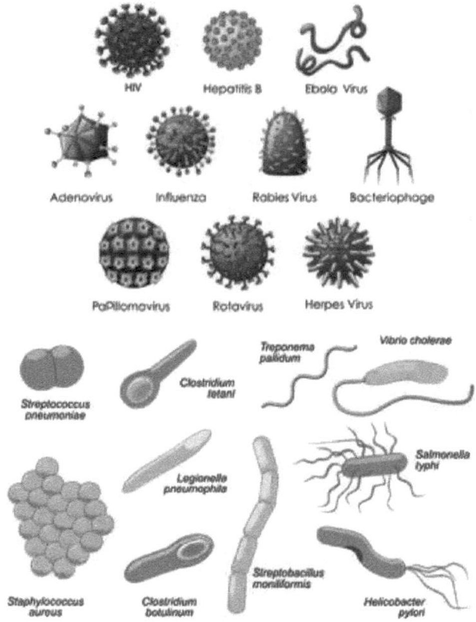

Figura 4: Tipos virais e bacterianos

1.4 Diversidade microbiana

A diversidade genética é um aspeto fundamental das populações microbianas, contribuindo para a sua adaptabilidade, potencial evolutivo e papéis ecológicos. Aqui está um olhar mais atento à diversidade genética nos microrganismos e às técnicas utilizadas para a estudar:

1. **Importância da diversidade genética**:

o Os microrganismos possuem uma grande diversidade genética devido às suas rápidas taxas de reprodução, elevadas taxas de mutação, transferência horizontal de genes e nichos ecológicos diversos.

o A diversidade genética permite que os microrganismos se adaptem a ambientes em mudança, adquiram novas caraterísticas, resistam a stresses ambientais e interajam com outros organismos.

2. **Técnicas de estudo da diversidade genética**:

o **Metagenómica**: A metagenómica envolve o estudo direto de material genético (ADN ou ARN) recuperado de amostras ambientais, como o solo, a água ou comunidades microbianas.

■ As abordagens metagenómicas analisam comunidades microbianas inteiras, fornecendo informações sobre o potencial genético coletivo e a diversidade de um ecossistema.

- As técnicas incluem a metagenómica shotgun (sequenciação de todo o material genético de uma amostra) e a sequenciação de amplicons (que visa genes ou regiões específicas, por exemplo, o gene 16S rRNA para a diversidade bacteriana).

o **Sequenciação do genoma completo (WGS)**:

- O WGS envolve a sequenciação do genoma completo de um microrganismo individual, fornecendo informações pormenorizadas sobre a sua composição genética, genes funcionais e potenciais capacidades metabólicas.
- A genómica comparativa compara os genomas de diferentes microrganismos para identificar variações genéticas, relações evolutivas, funções dos genes e caraterísticas adaptativas.

3. **Aplicações e conhecimentos**:

o **Estudos evolutivos**: Os estudos de diversidade genética revelam relações evolutivas, tempos de divergência, eventos de duplicação de genes e mecanismos de adaptação entre taxa microbianos.

o **Funcionamento ecológico**: A compreensão da diversidade genética ajuda a elucidar a dinâmica da comunidade microbiana, o funcionamento do ecossistema, o ciclo de nutrientes e as respostas às alterações ambientais.

o **Aplicações biotecnológicas**: A exploração da diversidade genética leva à descoberta de novos genes, enzimas, vias e capacidades metabólicas com aplicações em biotecnologia, bioengenharia e processos industriais.

o **Vigilância de doenças**: A análise da diversidade genética em agentes patogénicos ajuda nas investigações epidemiológicas, no rastreio de surtos, na monitorização da resistência antimicrobiana e no desenvolvimento de terapias orientadas (por exemplo, medicina personalizada).

4. **Desafios e direcções futuras**:

o A gestão e a análise de dados genéticos em grande escala colocam desafios computacionais e bioinformáticos.

o A integração de dados de diversidade genética com dados ecológicos, fisiológicos e ambientais melhora a nossa compreensão dos sistemas microbianos e da sua contribuição para os processos globais.

Diversidade metabólica:

A diversidade metabólica dos microrganismos refere-se à sua capacidade de utilizar uma vasta gama de substratos e de realizar diversas reacções bioquímicas. Esta versatilidade permite que os micróbios se desenvolvam em vários ambientes e desempenhem funções essenciais. Aqui está uma exploração da diversidade metabólica em microrganismos e suas aplicações:

1. **Capacidades metabólicas versáteis**:

o Os microrganismos apresentam uma vasta gama de vias metabólicas, enzimas e processos bioquímicos que lhes permitem metabolizar diversos substratos, incluindo hidratos de carbono, lípidos, proteínas e compostos orgânicos complexos.

o Podem utilizar fontes alternativas de energia, como a luz (fotossíntese), compostos inorgânicos (quimiolitotrofia) e compostos orgânicos (quimioheterotrofia), o que os torna adaptáveis a diferentes nichos ecológicos.

2. **Principais caraterísticas da Diversidade Metabólica**:

o **Metabolismo anaeróbico**: Alguns microrganismos podem desenvolver-se em ambientes anaeróbicos e realizar respiração ou fermentação anaeróbica, produzindo energia sem oxigénio.

o **Quimioautotrofia**: Certos micróbios, como as bactérias nitrificantes e as bactérias oxidantes de enxofre, podem fixar o dióxido de carbono e obter energia a partir de compostos inorgânicos, contribuindo para o ciclo de nutrientes e o fluxo de energia nos ecossistemas.

o **Capacidades de desintoxicação**: Os micróbios podem metabolizar e desintoxicar vários poluentes e compostos tóxicos, incluindo metais pesados, pesticidas, hidrocarbonetos e produtos químicos industriais.

3. **Aplicações da Diversidade Metabólica**:

o **Bioremediação**: A diversidade metabólica microbiana é aproveitada na bioremediação, onde microrganismos especializados degradam e desintoxicam poluentes ambientais. Por exemplo:

▪ As bactérias degradadoras de hidrocarbonetos decompõem os derrames de petróleo e os contaminantes petrolíferos.

▪ As bactérias resistentes a metais podem bioacumular ou biotransformar metais pesados, ajudando na limpeza de locais contaminados.

o **Processos industriais**: A diversidade metabólica microbiana é essencial em processos industriais tais como:

▪ Fermentação: Os micróbios fermentam os açúcares e outros substratos para produzir etanol, ácidos orgânicos, enzimas e produtos farmacêuticos.

▪ Bioprocessamento: As enzimas produzidas por microrganismos são utilizadas na produção de alimentos, no tratamento de águas residuais, no fabrico de têxteis e na produção de biocombustíveis.

▪ Biocatálise: As enzimas microbianas e as vias metabólicas são utilizadas em reacções biocatalíticas para síntese química, biodegradação e aplicações de química verde.

4. **Engenharia genética e biologia sintética**:

o Os avanços na engenharia genética e na biologia sintética permitem aos cientistas modificar as vias metabólicas microbianas, criar novas enzimas e conceber redes metabólicas para aplicações específicas.

o Micróbios artificiais com capacidades metabólicas melhoradas são utilizados em processos de bioengenharia, engenharia metabólica e biofabricação.

5. **Direcções futuras**:

o A exploração e a compreensão da diversidade metabólica microbiana aos níveis genético e bioquímico continuam a impulsionar as inovações no domínio da biotecnologia, da proteção do ambiente e dos processos de produção sustentáveis.

o O aproveitamento do metabolismo microbiano para a produção de energia renovável, a valorização dos resíduos e as tecnologias eficientes em termos de recursos é um dos objectivos dos esforços de investigação e desenvolvimento em curso.

Em resumo, a diversidade metabólica microbiana é um aspeto fundamental que está na base dos seus papéis ecológicos, aplicações industriais e contribuições para a sustentabilidade ambiental. O aproveitamento desta diversidade na bioremediação, na biotecnologia industrial e na biologia sintética abre caminhos para soluções inovadoras para desafios complexos e para o desenvolvimento sustentável.

Diversidade ecológica:

A diversidade ecológica refere-se à vasta gama de habitats e ecossistemas onde os microrganismos prosperam, demonstrando a sua adaptabilidade, diversidade e importância ecológica. Aqui está uma exploração pormenorizada da diversidade ecológica nos microrganismos e das suas implicações:

1. **Ubiquidade dos microrganismos**:

o Os micróbios encontram-se em quase todos os habitats imagináveis da Terra, incluindo ambientes terrestres, aquáticos, extremos e associados ao homem.

o Habitam o solo, massas de água (doce, marinha), sedimentos, ar, regiões polares, fontes termais, fontes marinhas profundas, fontes hidrotermais, grutas, desertos e mesmo dentro de outros organismos (endossimbiontes).

2. **Diversos papéis ecológicos**:

o **Decomposição e ciclo de nutrientes**: Os micróbios desempenham um papel fundamental como decompositores, decompondo a matéria orgânica e reciclando os nutrientes (carbono, azoto, fósforo, etc.) de volta aos ecossistemas, apoiando o crescimento das plantas e o funcionamento dos ecossistemas.

o **Relações simbióticas**: Muitos micróbios formam relações simbióticas relações com as plantas (rizosfera), os animais (microbiota intestinal) e outros organismos, proporcionando benefícios mútuos como a absorção de nutrientes, a proteção contra agentes patogénicos e uma maior resistência às pressões ambientais.

o **Produtores Primários**: Os organismos fotossintéticos microscópicos como as algas, as cianobactérias e certas bactérias são produtores primários, contribuindo para a produção de oxigénio, fixação de carbono e cadeias alimentares nos ecossistemas aquáticos.

o **Ciclo Biogeoquímico**: Os micróbios são parte integrante dos ciclos biogeoquímicos, incluindo o ciclo do carbono, o ciclo do azoto, o ciclo do enxofre e outros, influenciando os fluxos globais de nutrientes, a regulação do clima e a estabilidade dos ecossistemas.

o **Ambientes extremos**: Os extremófilos desenvolvem-se em habitats extremos, tais como altas temperaturas (termófilos), alta salinidade (halófilos), condições ácidas (acidófilos), condições alcalinas (alcalifilos) e altas pressões (barófilos), expandindo a nossa compreensão dos limites e adaptações da vida.

3. **Microbiomas associados ao ser humano**:

o Os micróbios habitam e interagem com os corpos humanos e animais, formando comunidades microbianas complexas conhecidas como microbiomas.

- O microbioma humano, incluindo o microbiota intestinal, o microbiota da pele, o microbiota oral e o microbiota vaginal, desempenha papéis cruciais na digestão, imunidade, metabolismo e saúde geral.
- O estudo da ecologia microbiana em ambientes associados ao ser humano fornece informações sobre a diversidade, a dinâmica e as contribuições do microbioma para a fisiologia do hospedeiro e os estados de doença.

4. **Impactos ambientais e conservação**:

- A investigação em ecologia microbiana contribui para os esforços de conservação do ambiente, monitorização da poluição, recuperação de ecossistemas e gestão sustentável dos recursos.
- A compreensão da dinâmica das comunidades microbianas, dos pontos críticos de biodiversidade e das espécies-chave ajuda a preservar a biodiversidade, a proteger os ecossistemas ameaçados e a atenuar os impactos humanos no ambiente.

5. **Aplicações tecnológicas e biotecnológicas**:

- Os avanços na investigação em ecologia microbiana impulsionam inovações em bioremediação, biocontrolo, tratamento de águas residuais e engenharia ecológica.
- O aproveitamento da diversidade e das funções microbianas para aplicações biotecnológicas, tais como enzimas microbianas, biocombustíveis, bioplásticos e práticas agrícolas sustentáveis, assenta na compreensão dos princípios da ecologia microbiana.

Em resumo, a diversidade ecológica dos microrganismos sublinha o seu papel fundamental nos ecossistemas, no ciclo de nutrientes, nos processos biogeoquímicos, na saúde humana e na sustentabilidade ambiental. O estudo da ecologia microbiana fornece informações valiosas sobre a interconexão da vida, a resiliência dos ecossistemas e o potencial para inovações biotecnológicas que beneficiam tanto os seres humanos como o planeta.

Diversidade bacteriana

A diversidade bacteriana refere-se à vasta gama de espécies bacterianas com diversas caraterísticas genéticas, fisiológicas e ecológicas. Aqui está uma exploração da diversidade bacteriana, incluindo a sua importância, factores que influenciam a diversidade e métodos utilizados para estudar a diversidade bacteriana:

1. **Importância da diversidade bacteriana**:

- As bactérias são omnipresentes e desempenham papéis essenciais em vários ecossistemas, contribuindo para o ciclo de nutrientes, processos biogeoquímicos e equilíbrio ecológico.
- A diversidade bacteriana assegura a redundância funcional, em que diferentes espécies bacterianas desempenham funções ecológicas semelhantes, aumentando a resiliência e a estabilidade do ecossistema.
- As bactérias estão envolvidas em relações simbióticas com plantas, animais e outros organismos, influenciando a saúde do hospedeiro, a absorção de nutrientes e

a defesa contra agentes patogénicos.

o A compreensão da diversidade bacteriana ajuda na investigação médica, na gestão de doenças infecciosas, na biotecnologia e nos esforços de conservação ambiental.

2. **Factores que influenciam a diversidade bacteriana**:

o **Condições ambientais**: Factores como a temperatura, o pH, a humidade, os níveis de oxigénio, a disponibilidade de nutrientes e a diversidade de substratos moldam as comunidades bacterianas em diferentes habitats.

o **Localização geográfica**: A diversidade bacteriana varia entre regiões geográficas devido ao clima, tipos de solo, vegetação e influências antropogénicas.

o **Interações e competição**: A diversidade bacteriana é influenciada por interações entre espécies, competição por recursos, predação e dinâmica da comunidade microbiana.

o **Interações hospedeiro-micróbio**: A diversidade bacteriana em ambientes associados ao hospedeiro, como o intestino humano ou a rizosfera das plantas, é influenciada por factores do hospedeiro, dieta, respostas imunitárias e padrões de colonização microbiana.

3. **Métodos para estudar a diversidade bacteriana**:

o **Sequenciação de 16S rRNA**: Esta técnica molecular tem como alvo o gene do ARN ribossómico 16S, normalmente utilizado para a classificação taxonómica bacteriana e para a análise filogenética , fornecendo informações sobre a diversidade bacteriana e a composição da comunidade.

o **Metagenómica**: As abordagens metagenómicas envolvem a sequenciação direta do ADN microbiano de amostras ambientais, permitindo uma análise abrangente da diversidade microbiana, dos genes funcionais e das vias metabólicas.

o **Métodos dependentes de cultura**: Os métodos tradicionais baseados em culturas envolvem o isolamento e a cultura de bactérias em meios específicos, seguidos de caraterização fenotípica e identificação com base em testes bioquímicos, morfologia das colónias e condições de crescimento.

o **Análise funcional**: Avaliação da diversidade bacteriana com base em caraterísticas funcionais, capacidades metabólicas, actividades enzimáticas e
Os papéis ecológicos dos micróbios permitem uma compreensão mais profunda das funções da comunidade microbiana e dos seus contributos para os processos do ecossistema.

o **Pesquisas ambientais**: Estudos de campo, técnicas de amostragem e programas de monitorização ambiental ajudam a avaliar a diversidade bacteriana em habitats naturais, solos agrícolas, sistemas aquáticos e ambientes construídos.

o **Ferramentas de bioinformática**: São utilizadas ferramentas computacionais, análises estatísticas e pipelines de bioinformática para processar, analisar e interpretar dados de sequenciação em grande escala, identificando taxa microbianos, índices de diversidade e estruturas comunitárias.

4. **Implicações ecológicas e aplicadas**:

o Os estudos sobre a diversidade bacteriana contribuem para a investigação ecológica, a biologia da conservação, a gestão dos ecossistemas e os estudos sobre as alterações climáticas, avaliando as respostas microbianas às perturbações ambientais.

o A compreensão da diversidade bacteriana ajuda no diagnóstico de doenças, nas investigações epidemiológicas, na monitorização da resistência antimicrobiana e no desenvolvimento de terapias específicas.

o As avaliações da diversidade bacteriana informam as aplicações biotecnológicas, a exploração de recursos microbianos, as estratégias de biorremediação e as práticas agrícolas sustentáveis, tirando partido das funções e caraterísticas bacterianas benéficas.

Diversidade fúngica

A diversidade fúngica refere-se à grande variedade de espécies fúngicas encontradas em diferentes habitats e ecossistemas, mostrando os seus papéis ecológicos, variabilidade genética e diversidade funcional. Aqui está uma exploração da diversidade fúngica, incluindo o seu significado, factores que influenciam a diversidade e métodos utilizados para estudar a diversidade fúngica:

1. **Importância da diversidade fúngica**:

o Os fungos desempenham papéis cruciais no funcionamento dos ecossistemas, no ciclo de nutrientes, na decomposição, nas relações simbióticas e na saúde das plantas.

o Contribuem para a fertilidade do solo decompondo a matéria orgânica, reciclando nutrientes (carbono, azoto, fósforo) e formando relações simbióticas com as plantas (micorrizas) para aumentar a absorção de nutrientes.

o Os fungos estão envolvidos na produção de alimentos (por exemplo, fermentação de pão, queijo, cerveja), biotecnologia (por exemplo, produção de enzimas, produção de biocombustíveis), medicina (por exemplo, produção de antibióticos, medicamentos à base de fungos) e aplicações ambientais (por exemplo, bioremediação, decomposição de resíduos).

2. **Factores que influenciam a diversidade fúngica**:

o **Habitat e ambiente**: Diferentes espécies de fungos desenvolvem-se em habitats específicos, como o solo, florestas, zonas húmidas, desertos, água doce, ambientes marinhos e estruturas construídas pelo homem (por exemplo, edifícios, espaços interiores).

o **Clima e Geografia**: A diversidade fúngica varia com as condições climáticas, temperatura, humidade, elevação e factores geográficos (por exemplo, latitude, altitude, tipos de solo).

o **Relações com o hospedeiro**: A diversidade fúngica em ambientes associados ao hospedeiro (por exemplo, raízes de plantas, tripas de animais) é influenciada por espécies de hospedeiros, factores nutricionais, interações simbióticas e dinâmica de doenças.

o **Perturbações e actividades humanas**: Os factores antropogénicos, como as alterações do uso do solo, a poluição, a desflorestação, a urbanização e as alterações climáticas, podem ter impacto na diversidade fúngica, na composição da comunidade e nos serviços do ecossistema.

3. **Métodos para estudar a diversidade fúngica**:

o **Técnicas moleculares**:

■ **Sequenciação de ADN**: A seleção de regiões de ADN fúngico (por exemplo, região ITS, região LSU) para sequenciação de ADN permite a identificação, classificação e análise filogenética de taxa fúngicos, revelando padrões de diversidade e relações evolutivas.

■ **Metabarcodificação**: A sequenciação de alto rendimento de amostras de ADN ambiental (eDNA) permite a análise exaustiva de comunidades de fungos, avaliações da biodiversidade e estudos ecológicos.

o **Análise Microscópica**:

■ **Microscopia**: As técnicas de microscopia de luz, microscopia eletrónica e microscopia fluorescente são utilizadas para visualizar a morfologia, as estruturas (por exemplo, hifas, esporos) e os estádios reprodutivos dos fungos, ajudando na sua identificação e classificação taxonómica.

o **Técnicas culturais**:

■ **Isolamento e cultura**: Os métodos tradicionais envolvem o isolamento de fungos de amostras ambientais, a sua cultura em meios específicos e o estudo das suas caraterísticas de crescimento, morfologia das colónias e caraterísticas fisiológicas para identificação e caraterização.

4. **Implicações ecológicas e aplicadas**:

o A compreensão da diversidade fúngica informa os esforços de conservação, as avaliações da biodiversidade, a gestão dos ecossistemas e os projectos de recuperação destinados a preservar a biodiversidade fúngica e as funções dos ecossistemas.

o Os estudos sobre a diversidade fúngica contribuem para as práticas agrícolas, a saúde das culturas, a gestão dos solos, as estratégias de biocontrolo (por exemplo, micofungicidas, biopesticidas) e as práticas florestais sustentáveis, através do aproveitamento de espécies fúngicas benéficas.

o As avaliações da diversidade fúngica ajudam na micologia médica, no diagnóstico de doenças fúngicas, no desenvolvimento de medicamentos antifúngicos e na bioprospecção de novos compostos bioactivos com potencial farmacêutico.

o A investigação sobre a diversidade fúngica apoia aplicações biotecnológicas como a produção de enzimas (por exemplo, celulases, amilases), a bioremediação de poluentes, a produção de biocombustíveis (por exemplo, conversão de biomassa lignocelulósica) e processos de fermentação nas indústrias alimentares e de bebidas.

1. 5 Marcos históricos da microbiologia

A microbiologia tem uma história rica marcada por vários marcos e descobertas importantes que moldaram a nossa compreensão dos microrganismos e o seu impacto na saúde, na indústria e no ambiente. Eis alguns marcos históricos da microbiologia:

1. **Antonie van Leeuwenhoek (1632-1723)**:

o Muitas vezes considerado como o "Pai da Microbiologia".

o Desenvolveu o primeiro microscópio prático e fez observações inovadoras de microrganismos, a que chamou "animalcules" ou "pequenos animais", incluindo bactérias, protozoários e espermatozóides.

2. **Louis Pasteur (1822-1895)**:

o Desmentiu a teoria da geração espontânea através de experiências que demonstraram que os microrganismos são responsáveis pela fermentação.

o Desenvolveu a pasteurização, um processo de aquecimento para matar bactérias e evitar a deterioração de alimentos e bebidas.

o Estabeleceu a teoria germinal da doença, associando os microrganismos às doenças infecciosas.

o Desenvolveu vacinas contra a raiva e o carbúnculo, sendo pioneiro no domínio da imunização.

3. **Robert Koch (1843-1910)**:

o Formularam os postulados de Koch, um conjunto de critérios para estabelecer uma relação causal entre um microrganismo e uma doença.

o Identificou os agentes causadores da tuberculose (Mycobacterium tuberculosis), da cólera (Vibrio cholerae) e do carbúnculo (Bacillus anthracis).

o Contribuiu significativamente para a compreensão das doenças infecciosas e do seu controlo.

4. **Alexander Fleming (1881-1955)**:

o Descobriu a penicilina, o primeiro antibiótico, em 1928, revolucionando o tratamento de infecções bacterianas.

o Observou que um bolor (Penicillium) inibia o crescimento de bactérias, o que levou ao desenvolvimento da penicilina como um medicamento que salvava vidas.

o A sua descoberta abriu caminho para o desenvolvimento de outros antibióticos e revolucionou a medicina.

5. **Paul Ehrlich (1854-1915)**:

o Desenvolveu o conceito de toxicidade selectiva, o que levou ao desenvolvimento do primeiro agente antimicrobiano sintético, o Salvarsan, para o tratamento da sífilis.

o Criou o termo "quimioterapia" e fez contribuições significativas para a imunologia e para a compreensão dos anticorpos.

6. **Joseph Lister (1827-1912)**:

o Foi pioneiro na cirurgia anti-séptica ao introduzir o ácido carbólico (fenol) como desinfetante para prevenir infecções cirúrgicas.

o O trabalho de Lister lançou as bases para as técnicas asssépticas modernas e para o controlo das infecções nos estabelecimentos de saúde.

7. **Ignaz Semmelweis (1818-1865)**:

o Defendeu a higiene das mãos e as práticas anti-sépticas nos cuidados de saúde para reduzir a transmissão de doenças infecciosas, nomeadamente a febre puerperal (febre puerperal) nas maternidades.

o O seu trabalho contribuiu para o desenvolvimento de práticas modernas de controlo de infecções e para a compreensão das infecções nosocomiais.

8. **Edward Jenner (1749-1823)**:

o Desenvolveu a vacina contra a varíola, utilizando o vírus da varíola bovina para induzir imunidade contra a varíola, o que levou à erradicação da varíola a nível mundial.

o O seu trabalho lançou as bases para a vacinação como medida preventiva contra doenças infecciosas.

2. **Descoberta dos microrganismos**:

o As observações de Antonie van Leeuwenhoek de "animalcules" utilizando um microscópio por ele concebido marcaram o início da microbiologia.

o As suas descrições e desenhos pormenorizados de microrganismos em várias amostras abriram um novo campo de compreensão sobre a existência de formas de vida invisíveis.

3. **Teoria Germinal da Doença**:

o As experiências de Louis Pasteur, que refutaram a geração espontânea e demonstraram o papel dos microrganismos na fermentação, lançaram as bases da teoria germinal das doenças.

o O desenvolvimento dos postulados de Koch por Robert Koch proporcionou um método sistemático para associar micróbios específicos a doenças específicas, solidificando ainda mais a teoria dos germes e fazendo avançar a microbiologia médica.

4. **Desenvolvimento de antibióticos**:

o A descoberta acidental da penicilina por Alexander Fleming, um fungo que inibe o crescimento bacteriano, levou ao desenvolvimento do primeiro antibiótico.

o Esta descoberta revolucionou a medicina ao introduzir uma ferramenta poderosa para combater as infecções bacterianas, salvando inúmeras vidas e desencadeando a era da investigação e desenvolvimento de antibióticos.

5. **Avanços em Biologia Molecular**:

o A invenção da técnica da reação em cadeia da polimerase (PCR) por Kary Mullis revolucionou a amplificação do ADN, tornando-a uma ferramenta fundamental na investigação genética, no diagnóstico e na ciência forense.

o A descoberta e o desenvolvimento da tecnologia de edição de genes CRISPR-Cas9 por Emmanuelle Charpentier e Jennifer Doudna abriram novas vias para a edição precisa do genoma, a terapia genética e a engenharia genética em microbiologia e não só.

Estes marcos destacam o impacto transformador das principais descobertas e inovações em microbiologia, moldando a nossa compreensão dos microrganismos, o seu papel nas doenças e as suas aplicações em vários domínios, desde a medicina à biotecnologia.

1. 6 Perspectivas futuras em biologia microbiana

Investigação do microbioma

De facto, a investigação do microbioma revolucionou a nossa compreensão das intrincadas relações entre os microrganismos e os seus ambientes hospedeiros, especialmente no corpo humano. Aqui está um olhar mais detalhado sobre os principais aspectos da investigação do microbioma:

1. **Composição e diversidade**:
   - A investigação sobre o microbioma procura identificar e caraterizar a vasta gama de microrganismos que habitam ambientes específicos, como o intestino, a pele, a cavidade oral e o trato reprodutivo.
   - As tecnologias de sequenciação de elevado rendimento, como a metagenómica, permitem a análise exaustiva das comunidades microbianas, revelando a sua composição taxonómica, abundância relativa e diversidade genética.
2. **Dinâmica e estabilidade**:
   - Os estudos investigam a natureza dinâmica dos microbiomas, incluindo a sua resiliência, estabilidade e respostas a factores internos e externos, como a dieta, os medicamentos, o estilo de vida e as exposições ambientais.
   - Os estudos longitudinais acompanham as alterações na composição do microbioma ao longo do tempo para compreender as variações temporais, a sucessão microbiana e o impacto das perturbações na estrutura da comunidade.
3. **Funções e actividades metabólicas**:
   - A metagenómica funcional e a metabolómica elucidam as actividades metabólicas, os genes funcionais, as vias e os processos bioquímicos realizados pelos microbiomas.
   - Os microbiotas contribuem para o processamento de nutrientes, o metabolismo energético, a síntese de compostos bioactivos (por exemplo, vitaminas, ácidos gordos de cadeia curta) e os processos de desintoxicação nos seus ambientes hospedeiros.
4. **Saúde e doença**:
   - A investigação sobre o microbioma investiga o papel do microbiota na manutenção da saúde do hospedeiro, na homeostase imunitária e na prevenção de doenças.
   - A disbiose, perturbações no equilíbrio ou diversidade microbiana, está associada a várias condições de saúde, como doenças inflamatórias intestinais (DII), síndrome do intestino irritável (SII), alergias, perturbações auto-imunes, perturbações metabólicas e perturbações da saúde mental.
   - A compreensão da forma como as alterações no microbioma contribuem para a

patogénese da doença, a inflamação, a desregulação imunitária e a disfunção metabólica é um dos focos da investigação sobre doenças relacionadas com o microbioma.

5. **Intervenções terapêuticas**:

o As terapias baseadas em microbiomas, incluindo probióticos, prebióticos, pós-bióticos, transplante de microbiota fecal (FMT) e fármacos dirigidos a micróbios (por exemplo, antibióticos, bacteriófagos), são exploradas pelo seu potencial de modulação da composição e função do microbioma para promover a saúde ou tratar doenças.

o As abordagens da medicina de precisão visam personalizar as intervenções no microbioma com base nos perfis microbianos individuais, na genética do hospedeiro e nos fenótipos clínicos.

6. **Avanços tecnológicos**:

o Os avanços na bioinformática, na biologia computacional, na integração multiómica (genómica, transcriptómica, proteómica) e na aprendizagem automática permitem uma análise sofisticada dos dados do microbioma, a modelização preditiva e a descoberta de biomarcadores.

o A microfluídica, a sequenciação de uma única célula e os modelos in vitro (organoides, gut-on-a-chip) facilitam os estudos experimentais, a compreensão dos mecanismos e a manipulação controlada das interações microbioma-hospedeiro.

De um modo geral, a investigação sobre o microbioma tem um enorme potencial para transformar os cuidados de saúde, a gestão das doenças, a nutrição e a medicina personalizada, ao desvendar as ligações intrincadas entre as comunidades microbianas e os seus hospedeiros, abrindo caminho a novos diagnósticos, terapêuticas e intervenções dirigidas ao microbioma.

A biologia sintética representa um campo inovador que funde princípios de engenharia com sistemas biológicos para conceber e criar novas funcionalidades. Aqui está um olhar mais atento sobre os principais aspectos da biologia sintética e as suas aplicações na microbiologia:

2. **Conceção e construção**:

o A biologia sintética envolve a conceção racional e a montagem de componentes genéticos, vias e sistemas biológicos para alcançar as funções ou propriedades desejadas.

o Isto inclui a síntese de ADN, técnicas de edição de genes (por exemplo, CRISPR-Cas9), circuitos genéticos e métodos de montagem modular para projetar sistemas biológicos com precisão.

3. **Modificação genética e engenharia de vias**:

o Os microrganismos, em particular as bactérias e as leveduras, são normalmente utilizados como fábricas celulares para aplicações de biologia sintética.

o As técnicas de modificação genética, como a eliminação de genes, a inserção de genes e a regulação de genes, são utilizadas para manipular os genomas microbianos e as vias metabólicas.

- A engenharia das vias metabólicas envolve a otimização das vias metabólicas ou a introdução de novas vias para produzir compostos específicos ou moléculas bioactivas.

4. **Aplicações em microbiologia**:

- **Produção de produtos farmacêuticos**: Os micróbios são concebidos para produzir produtos farmacêuticos valiosos, como a insulina, vacinas (por exemplo, a vacina contra a hepatite B produzida em levedura), antibióticos, antivirais e agentes anticancerígenos.
- **Biocombustíveis e energias renováveis**: A biologia sintética permite a conceção de sistemas microbianos para a produção de biocombustíveis (por exemplo, etanol, biodiesel) a partir de matérias-primas renováveis como a biomassa lignocelulósica ou as algas.
- **Materiais de base biológica**: Os micróbios podem ser projectados para sintetizar plásticos de base biológica, polímeros, materiais biocompatíveis e biomoléculas com propriedades específicas para aplicações industriais e médicas.
- **Bioremediação**: Os micróbios artificiais são utilizados em estratégias de biorremediação para degradar poluentes, desintoxicar contaminantes ambientais (por exemplo, derrames de petróleo, metais pesados) e limpar locais contaminados.
- **Produção de enzimas**: Os hospedeiros microbianos são optimizados para a produção de enzimas (por exemplo, proteases, lipases, celulases) utilizadas em vários processos industriais, detergentes, processamento de alimentos e biocatálise.
- **Micróbios projectados**: A biologia sintética permite a criação de micróbios de design com funcionalidades personalizadas, como sensores, biossensores, fábricas microbianas e biossistemas microbianos para monitorização ambiental ou aplicações biomédicas.

5. **Desafios e direcções futuras**:

- Os desafios da biologia sintética incluem a normalização das partes genéticas, a fiabilidade dos sistemas de engenharia, as preocupações com a biossegurança, as considerações éticas e os quadros regulamentares.
- As direcções futuras da biologia sintética envolvem o avanço das tecnologias de edição do genoma, o desenvolvimento de circuitos genéticos sintéticos, a melhoria das estratégias de engenharia metabólica e o alargamento do âmbito das aplicações na medicina, agricultura, fabrico de produtos biológicos e sustentabilidade ambiental.

Globalmente, a biologia sintética permite aos cientistas e engenheiros redesenhar e reorientar os sistemas biológicos, incluindo os micróbios, para uma vasta gama de aplicações, impulsionando a inovação, a sustentabilidade e os avanços na biotecnologia, nos cuidados de saúde e na indústria.

Sem dúvida que a relação entre as alterações climáticas e os micróbios é complexa e desempenha um papel fundamental na formação dos ecossistemas e dos ciclos biogeoquímicos globais. Aqui está uma exploração mais pormenorizada da relação entre as alterações climáticas e os micróbios:

1. **Ciclos Biogeoquímicos**:

o Os microrganismos são intervenientes fundamentais nos ciclos biogeoquímicos, fazendo circular elementos essenciais como o carbono, o azoto, o enxofre, o fósforo e o oxigénio entre os organismos vivos, o solo, as massas de água e a atmosfera.

o Ciclo do carbono: Os micróbios estão envolvidos na fixação de carbono (fotossíntese por plantas e algas) e na libertação de carbono (decomposição por bactérias e fungos), afectando os níveis de CO2 atmosférico e a regulação do clima.

o Ciclo do azoto: Os micróbios realizam a fixação do azoto (conversão do azoto atmosférico em amoníaco) e a desnitrificação (devolução do azoto à atmosfera), com impacto na fertilidade do solo, no crescimento das plantas e nas emissões de gases com efeito de estufa.

o Ciclos do enxofre e do fósforo: Os micróbios medeiam a oxidação/redução do enxofre e o ciclo do fósforo, influenciando a disponibilidade de nutrientes, a produtividade do ecossistema e a qualidade da água.

2. **Respostas microbianas às alterações climáticas**:

o Mudanças de temperatura: O aquecimento climático afecta a atividade microbiana, o metabolismo, as taxas de crescimento e os padrões de distribuição, alterando as estruturas e funções da comunidade microbiana em diversos habitats. o Acidificação dos oceanos: O aumento dos níveis de CO2 conduz à acidificação dos oceanos, com impacto nas comunidades microbianas marinhas, nos recifes de coral, nos organismos planctónicos e nos ecossistemas baseados em carbonatos.

o Poluição: Os micróbios desempenham um papel na degradação dos poluentes, na bioremediação e nos processos de desintoxicação, mas a poluição também pode perturbar as comunidades microbianas, prejudicar as funções do ecossistema e exacerbar o stress ambiental.

o Alterações do habitat: As alterações do uso do solo, a desflorestação, a urbanização e as práticas de gestão da água modificam os habitats microbianos, a diversidade microbiana e os serviços ecossistémicos, afectando a resiliência aos impactos das alterações climáticas.

3. **Extremófilos e adaptação**:

o Os extremófilos são microrganismos adaptados a condições ambientais extremas, tais como temperaturas altas/baixas, extremos de pH, salinidade, pressão e limitações de nutrientes.

o O estudo dos extremófilos fornece informações sobre as adaptações microbianas, os mecanismos genéticos, as estratégias metabólicas e as estratégias de sobrevivência em condições adversas, informando a investigação em astrobiologia, biotecnologia e resiliência ambiental.

4. **Serviços ecossistémicos e sustentabilidade**:

o Os micróbios prestam serviços ecossistémicos essenciais, incluindo a fertilidade do solo, o ciclo de nutrientes, a decomposição de resíduos, a remoção de poluentes, o sequestro de carbono e a regulação do clima.

o A compreensão das respostas microbianas às alterações climáticas ajuda a avaliar as vulnerabilidades, a resiliência e as capacidades de adaptação dos ecossistemas, orientando as estratégias de conservação, a gestão dos ecossistemas e os planos de adaptação climática.

5. **Avanços tecnológicos e monitorização**:

o Os avanços na ecologia microbiana, metagenómica, teledeteção e bioinformática permitem monitorizar as respostas microbianas às alterações climáticas, prever mudanças nos ecossistemas e avaliar as contribuições microbianas para as emissões de gases com efeito de estufa (por exemplo, metano, óxido nitroso).

o Os modelos climáticos e os modelos de ecossistemas incorporam processos microbianos e feedbacks para melhorar as previsões dos impactos das alterações climáticas nos ecossistemas, na biodiversidade e nos ciclos biogeoquímicos.

Em resumo, os microrganismos são parte integrante do sistema climático da Terra, desempenhando papéis críticos nos ciclos biogeoquímicos, no funcionamento dos ecossistemas e na resiliência climática. A investigação sobre as respostas microbianas às alterações climáticas melhora a nossa compreensão da dinâmica ambiental, dos serviços ecossistémicos e da interligação da vida, orientando as práticas de gestão sustentável e as estratégias de atenuação das alterações climáticas.

A resistência antimicrobiana (RAM) coloca desafios significativos à saúde pública, exigindo estratégias abrangentes e esforços de investigação para enfrentar esta ameaça global. Eis um mergulho mais profundo na RAM e nas abordagens adoptadas na investigação microbiológica para a combater:

1. **A RAM é uma preocupação mundial**:

o A utilização excessiva, incorrecta e inadequada de antibióticos contribui para o desenvolvimento e propagação da resistência antimicrobiana entre bactérias, fungos, parasitas e vírus.

o A RAM reduz a eficácia dos agentes antimicrobianos, conduzindo a falhas no tratamento, ao aumento dos custos dos cuidados de saúde, ao prolongamento das doenças e a taxas de mortalidade mais elevadas, bem como a opções limitadas de gestão das doenças infecciosas.

2. **Estratégias de investigação em microbiologia**:

o **Desenvolvimento de novos antibióticos**: A investigação centra-se na descoberta e desenvolvimento de novos compostos antimicrobianos, antibióticos, antifúngicos, antivirais e antiparasitários com diferentes mecanismos de ação para combater os agentes patogénicos resistentes.

o **Terapias combinadas**: São exploradas combinações sinérgicas de antimicrobianos ou adjuvantes para aumentar a eficácia, ultrapassar os mecanismos de resistência e reduzir a probabilidade de desenvolvimento de resistência.

o **Peptídeos antimicrobianos (AMPs)**: Os AMPs são péptidos naturais ou sintéticos com propriedades antimicrobianas, oferecendo potencial como agentes antimicrobianos alternativos com menor probabilidade de desenvolvimento de resistência.

- **Terapia com fagos**: Os bacteriófagos, vírus que infectam bactérias, são investigados como agentes terapêuticos para atingir e matar estirpes bacterianas específicas, incluindo agentes patogénicos multirresistentes, através de abordagens de terapia com fagos.
- **Programas de administração de antimicrobianos**: Estes programas promovem a utilização responsável de antimicrobianos, práticas de prescrição adequadas, otimização da dosagem, prevenção de infecções e vigilância para reduzir as taxas de RAM e preservar a eficácia dos antibióticos.
- **Opções alternativas de tratamento**: A investigação explora alternativas não antibióticas como os probióticos, a imunoterapia, os imunomoduladores, as abordagens baseadas na nanotecnologia e as terapias dirigidas ao hospedeiro para gerir as doenças infecciosas e reduzir a dependência dos antibióticos.

3. **Compreender os mecanismos da resistência antimicrobiana**:

- A investigação em microbiologia elucida os mecanismos moleculares da resistência antimicrobiana, incluindo mutações genéticas, transferência horizontal de genes (plasmídeos, transposões), bombas de efluxo, formação de biofilmes e inativação enzimática de antimicrobianos.
- Os estudos genómicos, a sequenciação de todo o genoma e a genómica funcional fornecem informações sobre a base genética da resistência, os genes de resistência (por exemplo, beta-lactamases, carbapenemases) e os mecanismos de resistência em diversas espécies microbianas.
- Os programas de vigilância monitorizam as tendências da RAM, os padrões de resistência, a prevalência de estirpes resistentes, a emergência de novos mecanismos de resistência e a distribuição geográfica de agentes patogénicos resistentes para informar as políticas de cuidados de saúde, as medidas de controlo de infecções e as orientações de tratamento.

4. **Esforços de colaboração e abordagem "Uma só saúde"**:

- A abordagem da RAM exige uma abordagem multidisciplinar que envolva microbiologistas, clínicos, farmacêuticos, epidemiologistas, veterinários, decisores políticos e autoridades de saúde pública.
- A abordagem "Uma Só Saúde" reconhece a interconexão entre a saúde humana, a saúde animal, os factores ambientais e a utilização de antimicrobianos na agricultura, aquacultura e medicina veterinária na formação da dinâmica da RAM e das vias de transmissão.

5. **Educação, Sensibilização e Defesa**:

- As campanhas de sensibilização do público, as iniciativas de educação e os esforços de sensibilização aumentam a consciencialização para a RAM, a utilização responsável de antibióticos, a prevenção de infecções, as práticas de higiene, a vacinação e a importância de preservar a eficácia dos antimicrobianos para as gerações futuras.

CAPÍTULO 2

Estrutura e função das células microbianas

Morfologia celular

A morfologia celular refere-se à estrutura física, forma e caraterísticas das células microbianas. Aqui está uma descrição da morfologia celular em diferentes tipos de microrganismos:

1. **Células procarióticas**:

o **Bactérias**:

■ Forma: As bactérias apresentam várias formas, incluindo cocos (esféricos), bacilos (em forma de bastonete), espirilos (em espiral) e vibriões (em forma de vírgula).

■ Parede celular: A maioria das bactérias tem paredes celulares feitas de peptidoglicano, o que determina se são Gram-positivas (camada espessa de peptidoglicano) ou Gram-negativas (camada fina de peptidoglicano rodeada por uma membrana exterior).

■ Apêndices: As bactérias podem ter flagelos para a motilidade, pili para fixação e conjugação, e cápsulas ou camadas de lodo para proteção.

■ Tamanho: Normalmente mais pequenas do que as células eucarióticas, variando entre 0,2 e 10 micrómetros de diâmetro.

o **Archaea**:

■ Forma: As arquéias podem ter várias formas semelhantes às bactérias, incluindo cocos, bacilos e espirilas.

■ Parede celular: As arqueas podem não ter peptidoglicano na sua parede celular ou ter composições diferentes das das bactérias.

■ Adaptações únicas: Algumas arqueias são extremófilas, prosperando em ambientes extremos, como temperaturas elevadas (termófilas), alta salinidade (halófilas) ou condições ácidas (acidófilas).

2. **Células eucarióticas**:

o **Fungos**:

■ Forma: Os fungos podem ser unicelulares (leveduras) ou multicelulares (bolores, cogumelos) e apresentam diversas formas e estruturas.

■ Parede celular: Os fungos têm paredes celulares compostas por quitina, glucanos e outros polissacáridos.

■ Organelos: Os organelos eucarióticos incluem o núcleo, as mitocôndrias, o retículo endoplasmático, o aparelho de Golgi, os lisossomas e os peroxissomas.

o **Protistas**:

■ Forma: Os protistas englobam um grupo diversificado de organismos unicelulares e multicelulares, incluindo amebas, ciliados, algas e protozoários, que apresentam formas e estruturas variadas.

■ Parede celular: Alguns protistas têm paredes celulares feitas de celulose, sílica ou outros materiais, enquanto outros não têm paredes celulares.

■ Organelos: Os protistas podem ter organelos como vacúolos contrácteis, cloroplastos (nos protistas fotossintéticos) e estruturas especializadas para a locomoção (flagelos, cílios, pseudópodes).

3. **Tamanho comparativo**:

o As células procarióticas (bactérias e archaea) são geralmente mais pequenas em comparação com as células eucarióticas.

o As células eucarióticas, incluindo fungos e protistas, podem variar significativamente em tamanho, desde organismos unicelulares microscópicos até estruturas multicelulares macroscópicas como hifas de fungos ou colónias de algas.

A compreensão da morfologia celular é crucial em microbiologia, uma vez que fornece informações sobre a classificação, identificação, funções e adaptações dos microrganismos em diferentes ambientes. A morfologia celular também desempenha um papel nas interações microbianas, patogenicidade e papéis ecológicos nos ecossistemas.

Processo celular

Metabolismo

Com certeza! O metabolismo é um processo fundamental em todos os organismos vivos, envolvendo a conversão de nutrientes em energia e blocos de construção para processos celulares. Aqui está uma explicação alargada do metabolismo em procariotas e eucariotas, bem como a distinção entre autótrofos e heterótrofos:

1. **Vias metabólicas**:

As vias metabólicas são redes complexas de reacções químicas que ocorrem dentro das células para converter nutrientes em energia, blocos de construção para estruturas celulares e moléculas essenciais para vários processos biológicos. Eis algumas das principais vias metabólicas:

1. **Glicólise**:

o Localização: Citoplasma (ocorre tanto em procariotas como em eucariotas).

o Descrição geral: Decompõe a glucose (um açúcar de 6 carbonos) em duas moléculas de piruvato (um composto de 3 carbonos).

o Produção de ATP: Gera uma rede de 2 moléculas de ATP por molécula de glucose através da fosforilação ao nível do substrato.

o Produção de NADH: Produz 2 moléculas de NADH que transportam electrões de alta energia para a cadeia de transporte de electrões (ETC).

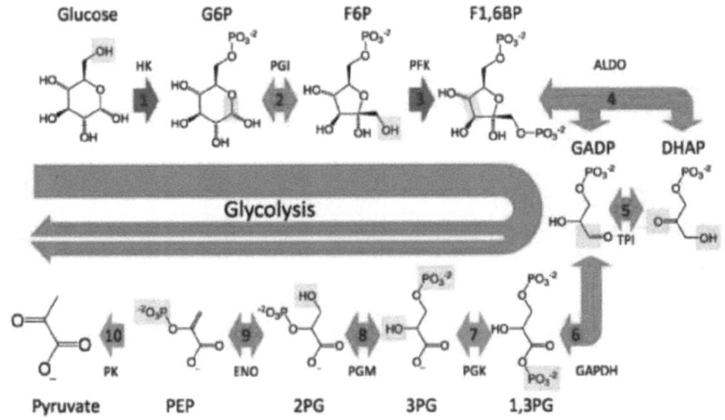

Figura 5: Glicólise

A glicólise é o processo em que a glicose é decomposta para produzir energia. Produz duas moléculas de piruvato, ATP, NADH e água. O processo ocorre no citoplasma de uma célula e não necessita de oxigénio. Ocorre tanto em organismos aeróbios como anaeróbios.

As principais fases e etapas da glicólise de forma muito clara.

1. Fase 1: Fosforilação da glicose

o A hexoquinase adiciona um grupo fosfato do ATP à glucose, formando glucose-6-fosfato.

2. Fase 2: Isomerização da glicose-6-fosfato

o A fosfoglucomutase converte a glucose-6-fosfato em frutose-6-fosfato.

3. Fase 3: Segunda fosforilação

o A fosfofrutoquinase adiciona outro grupo fosfato do ATP à frutose-6-fosfato, criando a frutose 1,6-bisfosfato.

4. **Fase 4**: clivagem em fosfatos de triose

o A aldolase divide a frutose 1, 6-bisfosfato em dois fosfatos de triose: gliceraldeído 3-fosfato e fosfato de dihidroxiacetona.

5. **Etapa 5**: Conversão do fosfato de di-hidroxiacetona

o A isomerase de triose-fosfato converte o fosfato de dihidroxiacetona noutra molécula de gliceraldeído 3-fosfato, tornando ambas as moléculas disponíveis para as etapas seguintes.

6. **Etapa 6**: Energia e redução

o A gliceraldeído 3-fosfato desidrogenase catalisa duas reacções:

■ Transfere uma molécula de hidrogénio para o NAD+, formando NADH + H+.

■ Adiciona um grupo fosfato ao gliceraldeído 3-fosfato, formando 1,3-bisfosfoglicerato.

7. **Etapa 7**: Produção de ATP

o A fosfoglicerocinase transfere um grupo fosfato do 1, 3-bisfosfoglicerato para o ADP, produzindo ATP e 3-fosfoglicerato.

8. **Etapa 8**: Rearranjo

o A fosfogliceromutase desloca o grupo fosfato do terceiro para o segundo carbono do 3-fosfoglicerato, formando o 2-fosfoglicerato.

9. **Fase 9**: Desidratação

o A enolase remove uma molécula de água do 2-fosfoglicerato, formando fosfoenolpiruvato.

10. **Fase 10**: Fosforilação final ao nível do substrato

o A piruvato quinase transfere um grupo fosfato do fosfoenolpiruvato para o ADP, produzindo ATP e piruvato.

Pontos-chave:

- A glicólise ocorre no citoplasma.
- Gera 2 moléculas de piruvato, 2 ATP e 2 NADH por molécula de glucose.
- Seis enzimas catalisam as reacções da glicólise.
- Esta via é crucial tanto para a produção de energia como para o fornecimento de intermediários para outras vias metabólicas.

2. **Ciclo de Krebs (Ciclo do ácido cítrico)**:

o Localização: Matriz mitocondrial (eucariotas) ou citoplasma (procariotas sem mitocôndrias).

o Visão geral: Completa a oxidação do piruvato, produzindo ATP, NADH, FADH2 e CO2.

o Produção de ATP: Gera 1 molécula de ATP por ciclo através da fosforilação ao nível do substrato.

o Transportadores de electrões: Produz 3 moléculas de NADH e 1 molécula de FADH2 por piruvato, que doam electrões à ETC.

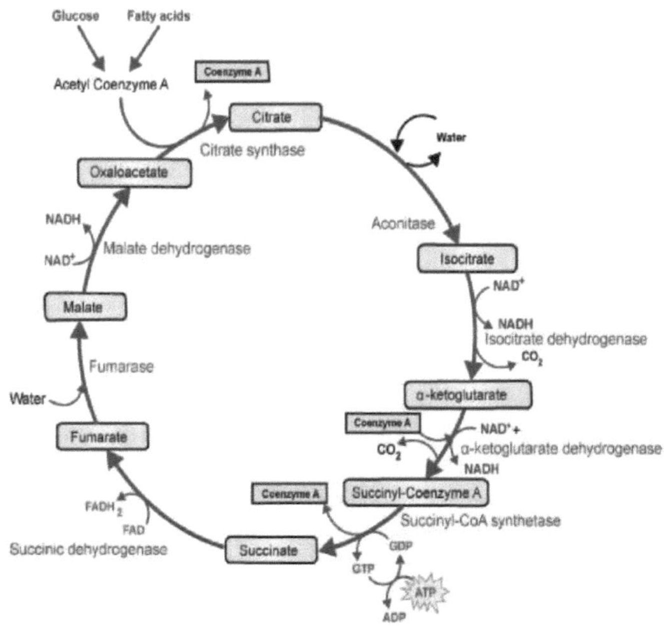

Figura 6: Ciclo do ácido cítrico

Eis um resumo baseado nas etapas que descreveu:

1. **Etapa 1**: Condensação de acetil CoA com oxaloacetato

o o acetil CoA combina-se com o oxaloacetato para formar citrato (um composto de 6 carbonos), libertando a coenzima A no processo. Catalisada pela citrato sintase.

2. **Etapa 2**: Isomerização do citrato em isocitrato

o O citrato é convertido em isocitrato (um isómero) pela aconitase.

3. **Etapa 3**: Desidrogenação e descarboxilação do isocitrato

o A isocitrato desidrogenase catalisa a conversão do isocitrato em a-cetoglutarato, libertando CO2 e gerando NADH.

4. **Etapa 4**: Descarboxilação oxidativa do a-cetoglutarato

o o complexo a-cetoglutarato desidrogenase converte o a-cetoglutarato em succinil CoA, libertando CO2 e produzindo NADH.

5. **Etapa 5**: Formação de succinato e fosforilação ao nível do substrato

o A succinil CoA sintetase converte succinil CoA em succinato, juntamente com a síntese de GTP (ou ATP). O GTP transfere então o seu fosfato para o ADP para formar ATP.

6. **Etapa 6**: Oxidação do succinato em fumarato

o A succinato desidrogenase catalisa a conversão de succinato em fumarato, produzindo FADH2.

7. **Etapa 7**: Adição de água ao fumarato

o A fumarase adiciona água ao fumarato, formando malato.

8. **Etapa 8**: Desidrogenação do malato em oxaloacetato

o A malato desidrogenase converte o malato em oxaloacetato, gerando NADH e completando o ciclo.

Pontos-chave:

• O ciclo de Krebs ocorre na matriz mitocondrial nas células eucarióticas e no espaço citoplasmático nas procariotas.

• É uma via metabólica central que oxida o acetil CoA a partir de hidratos de carbono, gorduras e proteínas, produzindo ATP, NADH e FADH2.

• O ciclo gera portadores de electrões de alta energia (NADH e FADH2) que alimentam a cadeia de transporte de electrões para a síntese de ATP durante a fosforilação oxidativa.

• O oxaloacetato regenerado combina-se com um novo acetil CoA para continuar o ciclo, assegurando um fornecimento contínuo de intermediários para a produção de energia.

3. **Cadeia de transporte de electrões (ETC)**:

o Localização: Membrana mitocondrial interna (eucariotas) ou membrana plasmática (procariotas).

o Descrição geral: Transfere electrões do NADH e do FADH2 para o oxigénio molecular (O2), gerando um gradiente de protões.

o Síntese de ATP: Utiliza o gradiente de protões para conduzir a síntese de ATP através da fosforilação oxidativa pela ATP sintase.

o Aceitador final de electrões: O oxigénio serve como aceitador final de electrões, formando água (H2O) no processo.

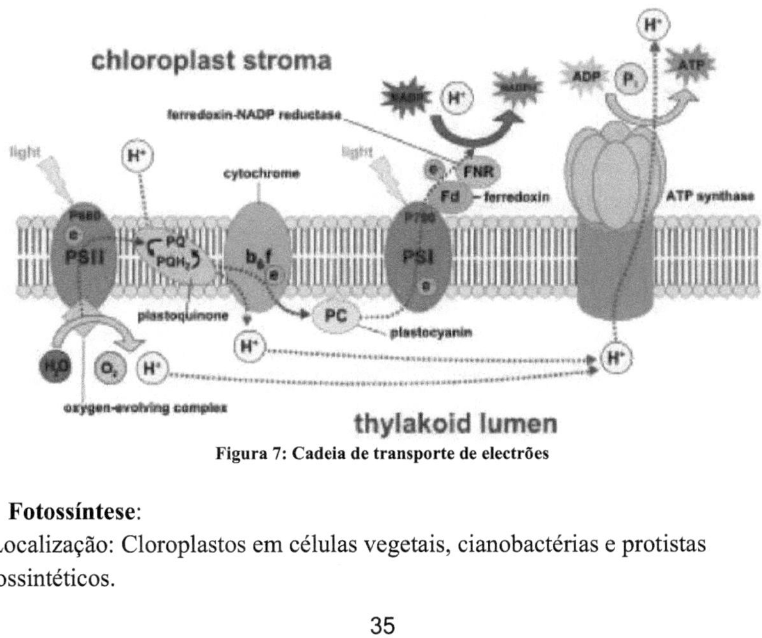

Figura 7: Cadeia de transporte de electrões

4. **Fotossíntese**:

o Localização: Cloroplastos em células vegetais, cianobactérias e protistas fotossintéticos.

o Visão geral (reacções de luz): Captura a energia da luz solar para converter ADP e fosfato inorgânico (Pi) em ATP e NADP+ em NADPH.

o Visão geral (Ciclo de Calvin): Utiliza ATP e NADPH gerados nas reacções de luz para fixar CO2 em moléculas orgânicas (por exemplo, glucose) através da fixação de carbono.

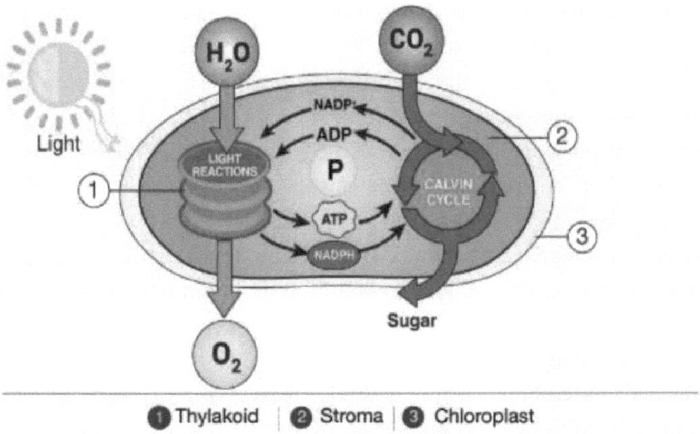

Figura 8: Fotossíntese

5. **Gluconeogénese**:

o Localização: Principalmente no fígado e nos rins dos animais, bem como em alguns micróbios.

o Visão geral: Sintetiza a glucose a partir de precursores não hidratos de carbono (por exemplo, piruvato, lactato, glicerol, aminoácidos) quando os níveis de glucose são baixos.

o Reverso da glicólise: Envolve vários passos enzimáticos que contornam as reacções irreversíveis da glicólise.

6. **Glicogénese e glicogenólise**:

o Glicogénese: Converte o excesso de glicose em glicogénio para armazenamento nas células do fígado e dos músculos.

o Glicogenólise: Decompõe o glicogénio em glicose-6-fosfato para manter os níveis de glicose no sangue durante o jejum ou a procura de energia.

Estas vias metabólicas estão interligadas e são reguladas para manter o equilíbrio energético, responder às necessidades celulares e apoiar funções essenciais como o crescimento, a manutenção e a reprodução das células e dos organismos.

2. **Autótrofos vs. Heterótrofos**:

o **Autótrofos**:

■ Os autótrofos são organismos capazes de sintetizar compostos orgânicos (como os açúcares) a partir de fontes inorgânicas como o dióxido de carbono (CO2).

■ **Autótrofos fotossintéticos**: Utilizam a energia da luz solar no processo de fotossíntese para converter CO2 e água em glucose e oxigénio. Exemplos incluem plantas, algas e bactérias fotossintéticas (por exemplo, cianobactérias).

■ **Quimioautotróficos**: Obtêm energia a partir de reacções químicas (por exemplo, oxidação de compostos inorgânicos como o sulfureto de hidrogénio ou o amoníaco) para produzir moléculas orgânicas. Encontrados em certas bactérias e arquéias.

o **Heterotróficos**:

■ Os heterótrofos são organismos que obtêm energia através do consumo de compostos orgânicos produzidos por outros organismos.

■ **Quimioheterotróficos**: Adquirem energia através da decomposição de moléculas orgânicas (por exemplo, açúcares, proteínas, lípidos) através de processos como a respiração celular (aeróbica ou anaeróbica) ou a fermentação. Inclui a maioria dos animais, fungos e muitas bactérias.

3. **Produção de energia**:

o **Síntese de ATP**: O ATP (trifosfato de adenosina) é a principal moeda energética das células, gerado durante as vias metabólicas como a glicólise, o ciclo de Krebs e a fosforilação oxidativa na cadeia de transporte de electrões.

o **Papel do NADH e do FADH2**: As moléculas de NADH e de FADH2 produzidas durante as reacções metabólicas doam electrões à cadeia de transporte de electrões, levando à síntese de ATP por quimiosmose.

4. **Regulamentação e coordenação**:

o As vias metabólicas são rigorosamente reguladas para manter o equilíbrio energético celular, responder às alterações das necessidades energéticas e otimizar a utilização dos recursos.

o As enzimas desempenham um papel crucial na catalisação de reacções metabólicas e a sua atividade é regulada por factores como a disponibilidade de substrato, a inibição por retroação, a regulação alostérica e os sinais hormonais.

Células procarióticas vs. células eucarióticas

As células procarióticas e eucarióticas são dois tipos fundamentais de células que diferem na sua estrutura, organização e funções. Aqui estão as principais diferenças entre células procarióticas e eucarióticas:

1. **Organização celular**:

o **Células procarióticas**:

■ Não possuem organelos ligados à membrana e um núcleo distinto.

■ O ADN está presente num único cromossoma circular localizado na região do nucleoide.

■ Os ribossomas são os únicos organelos envolvidos na síntese de proteínas.

o **Células eucarióticas**:

■ Possuem organelos ligados a membranas como o núcleo, as mitocôndrias, o retículo endoplasmático, o aparelho de Golgi, os lisossomas e os cloroplastos (nas plantas).

■ O ADN está organizado em múltiplos cromossomas lineares dentro de um núcleo ligado a uma membrana.

■ Os ribossomas estão presentes no citoplasma, no retículo endoplasmático e nas mitocôndrias/cloroplastos.

2. **Núcleo**:

o **Células procarióticas**:

■ Não possuem um núcleo verdadeiro; o ADN está presente como uma região nucleoide sem uma membrana circundante.

o **Células eucarióticas**:

■ Têm um núcleo bem definido, rodeado por uma membrana nuclear que separa o ADN do citoplasma.

3. **Tamanho**:

o As células procarióticas são geralmente mais pequenas e mais simples em termos de estrutura do que as células eucarióticas.

4. **Organelos ligados à membrana**:

o **Células procarióticas**:

■ Falta organelos ligados à membrana organelos como as mitocôndrias, retículo endoplasmático e aparelho de Golgi.

■ Têm membranas celulares, paredes celulares (na maioria dos casos), ribossomas e alguns podem ter flagelos ou pili.

o **Células eucarióticas**:

■ Contêm organelos ligados à membrana, como as mitocôndrias (para produção de energia), o retículo endoplasmático (para síntese e transporte de proteínas), o aparelho de Golgi (para processamento e acondicionamento), os lisossomas (para digestão de resíduos) e os cloroplastos (nas plantas, para a fotossíntese).

5. **Divisão celular**:

o **Células procarióticas**:

■ Divide-se por fissão binária, em que a célula duplica o seu ADN e divide-se em duas células-filhas idênticas.

o **Células eucarióticas**:

■ Divide-se por mitose (células somáticas) ou meiose (células reprodutoras) com fases distintas como a prófase, metáfase, anáfase e telófase.

6. **Complexidade**:

o As células eucarióticas são mais complexas em termos de estrutura e organização do que as células procarióticas devido à presença de organelos ligados à membrana e de um núcleo.

7. **Funções**:

o As células procarióticas encontram-se em bactérias e archaea e desempenham funções essenciais como o metabolismo, a reprodução e a adaptação às alterações ambientais.

o As células eucarióticas constituem as plantas, os animais, os fungos e os protistas e desempenham diversas funções, incluindo a respiração celular, a fotossíntese (nas plantas), a síntese de proteínas, a comunicação celular e actividades especializadas baseadas no tipo de célula (por exemplo, transmissão nervosa nos neurónios, contração muscular nas células musculares).

Em resumo, as células procarióticas não possuem organelos ligados à membrana e um núcleo, são mais pequenas e mais simples, enquanto as células eucarióticas possuem um núcleo, organelos ligados à membrana e são maiores e mais complexas. Estas diferenças reflectem percursos evolutivos distintos e adaptações a diferentes funções celulares e nichos ambientais.

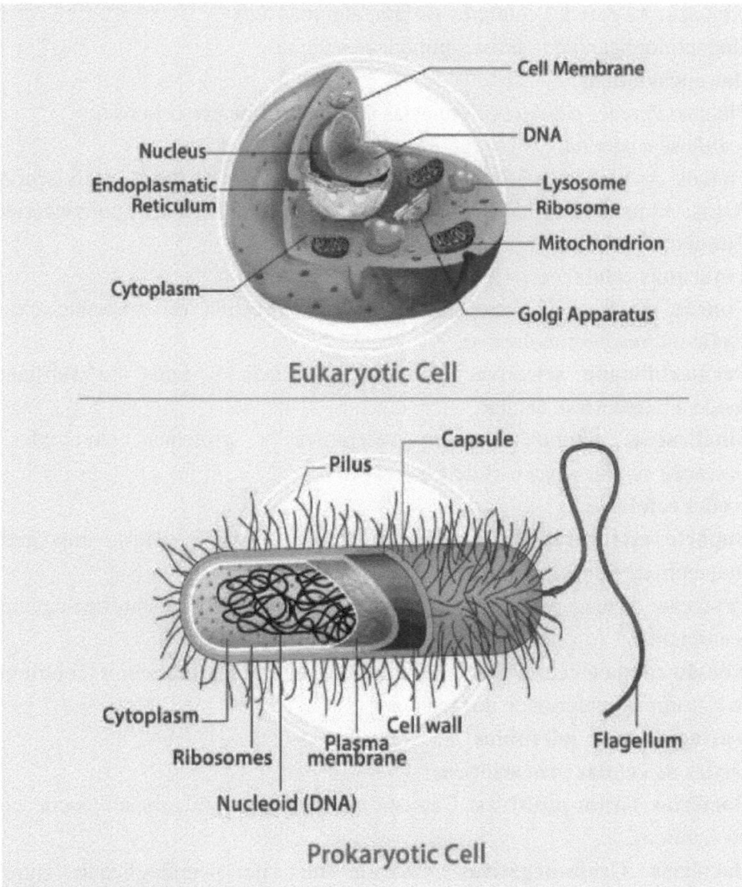

Figura 9. Célula procariótica e eucariótica

Biologia Microbiana: Perspectivas sobre a diversidade e a função

Membranas e paredes celulares em micróbios

Composição, função e variações

1. **Composição**:

   - **Membranas celulares**:

     - Composto por uma bicamada de fosfolípidos com proteínas incorporadas.
     - Os fosfolípidos têm cabeças hidrofílicas (viradas para o exterior) e caudas

hidrofóbicas (viradas para o interior).

- As proteínas incluem proteínas integrais que atravessam a membrana e proteínas periféricas ligadas à superfície da membrana.

o **Paredes celulares**:

- **Células procarióticas**:
- Bactérias: As paredes celulares contêm peptidoglicano, uma estrutura semelhante a uma malha de polissacáridos e péptidos.
- Archaea: As paredes celulares variam; algumas têm pseudopeptidoglicano ou outros componentes únicos.

Células eucarióticas:

- Plantas: Paredes celulares compostas principalmente por celulose, hemicelulose e pectina.
- Fungos: As paredes celulares contêm quitina, glucanos e outros polissacáridos.
- Algas: As paredes celulares podem ter celulose, ágar ou outros polissacáridos.

2. **Função**:

o **Membranas celulares**:

- **Função de barreira**: Separa o interior da célula do ambiente externo, regulando o transporte molecular.
- **Permeabilidade selectiva**: Controla a entrada e saída de substâncias, mantendo a homeostase celular.
- **Sinalização celular**: Contém receptores e proteínas envolvidos na comunicação celular e nas vias de sinalização.

o **Paredes celulares**:

- **Suporte estrutural**: Proporciona rigidez e forma à célula, impedindo o rebentamento devido à pressão osmótica.
- **Proteção**: Actua como uma barreira contra danos físicos, agentes patogénicos e stress ambiental.
- **Adesão célula a célula**: Facilita a adesão entre células adjacentes, contribuindo para a estrutura e integridade dos tecidos.

3. **Variações entre micróbios**:

o **Paredes de células procarióticas**:

- **Bactérias Gram-positivas**: Camada espessa de peptidoglicano; pode conter ácidos teicóicos.
- **Bactérias Gram-negativas**: Camada fina de peptidoglicano entre as membranas interna e externa; a membrana externa contém lipopolissacáridos (LPS).
- **Paredes celulares de Archaeal**: Composições diversas, incluindo pseudopeptidoglicano, proteínas da camada S ou glicoproteínas.

o **Paredes celulares eucarióticas**:

- **Plantas**: Paredes celulares à base de celulose com componentes adicionais como a lignina (confere resistência).
- **Fungos**: Paredes celulares ricas em quitina com glucanos e proteínas; variações

na composição entre espécies de fungos.

■ **Algas**: Paredes celulares com celulose, pectina, ágar, sílica ou outros polissacáridos, dependendo do grupo de algas.

4. **Adaptações e papéis**:

o **Paredes celulares bacterianas**:

■ As paredes das bactérias Gram-negativas oferecem proteção contra antibióticos e respostas imunitárias devido à membrana externa.

■ Algumas bactérias modificam a composição da sua parede celular para se adaptarem ao ambiente (por exemplo, bactérias ácido-resistentes).

o **Paredes celulares das plantas**:

■ A rigidez das paredes à base de celulose fornece suporte estrutural para o crescimento das plantas e resistência ao stress mecânico.

■ As paredes celulares em células vegetais especializadas (por exemplo, xilema, floema) têm composições únicas para funções específicas.

o **Paredes celulares de fungos**:

■ As paredes ricas em quitina contribuem para o crescimento dos fungos, a adesão e a proteção contra factores ambientais.

■ As variações nos componentes da parede celular afectam a patogenicidade dos fungos e as interações com os hospedeiros.

Em resumo, as membranas e paredes celulares dos micróbios variam em composição e função, fornecendo suporte estrutural, proteção e funções reguladoras essenciais para a sobrevivência, crescimento e adaptação microbiana a diversos ambientes. As variações na composição da parede celular contribuem para a diversidade microbiana e para as interações ecológicas nas comunidades microbianas e nos ecossistemas.

Organelos e estruturas celulares

Ribossomas

- **Função**: Os ribossomas são a maquinaria celular responsável pela síntese de proteínas, que é crucial para a estrutura, função e regulação celular. Traduzem a informação genética armazenada no ARN mensageiro (ARNm) em sequências específicas de aminoácidos, formando cadeias polipeptídicas que se dobram em proteínas funcionais.
- **Localização**: Os ribossomas podem ser encontrados em dois locais principais dentro da célula:

o **Ribossomas livres**: Estes ribossomas estão suspensos no citoplasma, onde produzem proteínas para utilização dentro da própria célula. Estas proteínas podem funcionar como enzimas, componentes estruturais, moléculas de sinalização, entre outros.

o **Ribossomas ligados**: Os ribossomas que estão ligados ao retículo endoplasmático (RE) estão envolvidos na síntese de proteínas destinadas a secreção, inserção na membrana ou localização em organelos específicos dentro da célula. Estas proteínas são normalmente translocadas para o lúmen do RE durante a síntese.

- **Processo**: O processo de síntese de proteínas pelos ribossomas envolve várias etapas:

1. **Início**: O ribossoma liga-se ao códão de início (AUG) na molécula de ARNm, juntamente com o ARNt iniciador que contém metionina.
2. **Alongamento**: O ribossoma move-se ao longo do ARNm, lendo cada códão e trazendo as correspondentes moléculas de aminoacil ARNt.

As ligações peptídicas formam-se entre aminoácidos adjacentes, formando uma cadeia polipeptídica em crescimento.

3. **Terminação**: Quando um códon de parada (UAA, UAG ou UGA) é atingido, a síntese de proteínas é interrompida. Os factores de libertação ligam-se ao ribossoma, fazendo com que as subunidades ribossómicas se dissociem do ARNm e libertem a cadeia polipeptídica completa.

Este processo de tradução é essencial para converter a informação genética do ADN em proteínas funcionais que executam vários processos celulares, contribuindo para a estrutura, função e regulação globais da célula.

Mitocôndrias

- **Função**: As mitocôndrias são a força motriz da célula, responsáveis pela respiração celular e pela produção de trifosfato de adenosina (ATP), que é a principal moeda energética utilizada pelas células para vários processos bioquímicos. A respiração celular envolve a decomposição de nutrientes (como a glicose e os ácidos gordos) para gerar ATP.
- **Estrutura**: As mitocôndrias têm uma estrutura única que consiste em:
  - **Membrana dupla**: A mitocôndria é envolvida por duas membranas - uma membrana externa e uma membrana interna. A estrutura de dupla membrana proporciona compartimentação e proteção.
  - **Cristas internas**: A membrana interna é altamente dobrada em estruturas chamadas cristas, que aumentam a área de superfície disponível para a atividade enzimática envolvida na produção de ATP.
- **Processo**: O processo de produção de ATP nas mitocôndrias ocorre através da fosforilação oxidativa, que envolve várias etapas:

1. **Glicólise e Ciclo de Krebs**: A glicose e outros nutrientes são inicialmente decompostos em piruvato através da glicólise no citoplasma. O piruvato entra na mitocôndria e passa pelo ciclo de Krebs (também conhecido como ciclo do ácido cítrico ou ciclo do ácido tricarboxílico), produzindo NADH e FADH2.
2. **Cadeia de transporte de electrões (ETC)**: O NADH e o FADH2 gerados no ciclo de Krebs doam electrões à cadeia de transporte de electrões localizada na membrana mitocondrial interna. À medida que os electrões se movem através da CTE, libertam energia, que é utilizada para bombear protões (H+) através da membrana interna para o espaço intermembranar.
3. **Síntese de ATP**: O gradiente de protões criado pela CTE impulsiona a síntese de ATP através da ATP sintase, um complexo proteico incorporado na membrana

mitocondrial interna. Os protões fluem de volta para a matriz mitocondrial através da ATP sintase, alimentando a conversão de difosfato de adenosina (ADP) em ATP num processo chamado quimiosmose.

Cloroplastos

- **Função**: Os cloroplastos são organelos presentes nas células das plantas e das algas que realizam a fotossíntese, um processo crucial para converter a energia luminosa em energia química sob a forma de glicose e produzir oxigénio como subproduto. A fotossíntese é a base da cadeia alimentar e fornece energia para a maioria dos organismos vivos.
- **Estrutura**: Os cloroplastos têm uma estrutura distinta caracterizada por:

o **Membrana dupla**: Como as mitocôndrias, os cloroplastos têm uma membrana externa e uma membrana interna que envolvem a organela.

o **Membranas tilacóides**: Dentro dos cloroplastos, as membranas tilacóides formam sacos ou discos achatados chamados tilacóides. Estas membranas contêm clorofila e outros pigmentos envolvidos na captação de energia luminosa durante a fotossíntese.

o **Grana**: As pilhas de membranas tilacóides são conhecidas como grana, que aumentam a eficiência da captação de luz e da conversão de energia.

o **Estroma**: O espaço cheio de líquido que envolve o grana é chamado de estroma, onde estão localizadas várias enzimas e moléculas necessárias para as reacções dependentes da luz (ciclo de Calvin) da fotossíntese.

- **Processo**: A fotossíntese nos cloroplastos ocorre em duas fases principais:

1. **Reacções dependentes da luz**: Ocorrem nas membranas dos tilacóides e envolvem as seguintes etapas:

■ Absorção de luz: A clorofila e outros pigmentos captam a energia da luz, excitando os electrões e iniciando os fotossistemas (PSI e PSII).

■ Cadeia de transporte de electrões (ETC): Os electrões excitados fluem através da ETC, gerando ATP e reduzindo o NADP+ a NADPH.

■ Fotólise da água: As moléculas de água são divididas (fotólise), libertando oxigénio como subproduto, protões (H+) e electrões para substituir os perdidos no PSII.

■ Geração de ATP e NADPH: O ATP e o NADPH são transportadores de energia utilizados nas reacções subsequentes independentes da luz.

2. **Reacções dependentes da luz (Ciclo de Calvin)**: Ocorrem no estroma e envolvem a conversão de CO2 e H2O em glicose utilizando ATP e NADPH gerados nas reações dependentes da luz. O ciclo de Calvin incorpora dióxido de carbono em moléculas orgânicas através de uma série de reacções catalisadas por enzimas, produzindo finalmente glucose e regenerando moléculas para outros ciclos.

Retículo endoplasmático (RE)

O retículo endoplasmático (RE) é um organelo complexo e dinâmico presente nas células eucarióticas. Desempenha papéis essenciais na síntese, dobragem, modificação e transporte de proteínas, bem como no metabolismo dos lípidos e no armazenamento de cálcio. O RE está dividido em duas regiões principais: o retículo endoplasmático rugoso (RER) e o retículo endoplasmático liso (SER), cada um com funções e estruturas distintas.

1. **Retículo endoplasmático rugoso (RER)**:

o **Estrutura**:

■ A sua superfície citoplasmática está repleta de ribossomas, o que lhe confere um aspeto rugoso à microscopia eletrónica.

■ Consiste em sacos ligados a membranas interconectadas chamadas cisternae.

o **Função**:

■ **Síntese de proteínas**: Os ribossomas ligados ao RER sintetizam proteínas que se destinam a secreção, inserção na membrana ou enzimas lisossomais.

■ **Dobragem e modificação de proteínas**: As proteínas chaperonas no RER ajudam a dobrar corretamente as proteínas e as enzimas catalisam modificações pós-traducionais como a glicosilação.

■ **Controlo de qualidade**: O RER verifica se as proteínas recém-sintetizadas estão corretamente dobradas e marca as proteínas mal dobradas para degradação através da via de degradação associada ao ER (ERAD).

■ **Via secretora**: As proteínas sintetizadas no RER são empacotadas em vesículas de transporte e enviadas para o aparelho de Golgi para posterior processamento e triagem.

2. **Retículo Endoplasmático Liso (RE)**:

o **Estrutura**:

■ Não possui ribossomas na sua superfície, o que lhe confere um aspeto liso.

■ Rede tubular que se estende a partir do RER ou que se distribui pelo citoplasma.

o **Função**:

■ **Síntese de lípidos**: A SER está envolvida na síntese de lípidos, incluindo fosfolípidos e colesterol.

■ **Desintoxicação**: As enzimas no SER desintoxicam substâncias nocivas (por exemplo, drogas, toxinas) convertendo-as em formas solúveis em água para excreção.

■ **Armazenamento de cálcio**: A SER armazena e liberta iões de cálcio (Ca2+) envolvidos na sinalização celular, na contração muscular e noutros processos celulares.

1. **Síntese de hormonas esteróides**: Em células especializadas (por exemplo, glândulas supra-renais, gónadas), o SER produz hormonas esteróides como o cortisol e a testosterona.

O retículo endoplasmático, com as suas regiões rugosas e lisas, desempenha um papel crucial na manutenção da homeostase celular, na dinâmica das membranas e na síntese de biomoléculas essenciais necessárias ao funcionamento e à sobrevivência das células.

Aparelho de Golgi

O aparelho de Golgi, também conhecido como complexo de Golgi ou corpo de Golgi, é um organelo vital presente nas células eucarióticas. Está envolvido no processamento, classificação e modificação de proteínas e lípidos sintetizados no retículo endoplasmático (RE), bem como na sua orientação para os destinos celulares adequados. Aqui estão os principais aspectos do aparelho de Golgi:

2. **Estrutura**:

O aparelho de Golgi é composto por sacos achatados, ligados a membranas, chamados cisterna, empilhados uns sobre os outros.

o Possui regiões estruturais e funcionais distintas: a rede cis-Golgi (CGN), o Golgi medial e a rede trans-Golgi (TGN).

o As vesículas transportam materiais entre estas regiões, para e de outros compartimentos celulares.

3. **Função**:

o **Modificação de proteínas**: O Golgi modifica as proteínas recebidas do ER através da adição de hidratos de carbono (glicosilação), fosfatos fosforilação) ou lípidos, alterando assim a sua estrutura e função.

o **Triagem de proteínas**: Classifica e direciona as proteínas para os seus destinos finais dentro da célula, tais como a secreção para o exterior da célula (exocitose), a inserção na membrana plasmática ou a entrega aos lisossomas para degradação.

o **Formação de vesículas**: O aparelho de Golgi forma vesículas de transporte que se desprendem das suas membranas, transportando proteínas e lípidos processados para vários locais celulares.

o **Metabolismo lipídico**: Desempenha um papel no metabolismo lipídico, incluindo a síntese de esfingolípidos e colesterol, que são componentes importantes das membranas celulares.

o **Glicosilação**: O Golgi adiciona cadeias de hidratos de carbono às proteínas, formando glicoproteínas que têm um papel no reconhecimento celular, na sinalização e nas respostas imunitárias.

o **Via secretora**: O Golgi faz parte da via secretora, juntamente com o ER e as vesículas, envolvida no transporte e secreção de proteínas para o exterior da célula.

4. **Etapas do processamento**:

o As proteínas e os lípidos entram no Golgi pela face cis (CGN) e movem-se através das pilhas de Golgi, sofrendo modificações e triagem.

o As modificações incluem a glicosilação, o corte das cadeias de hidratos de carbono, a sulfatação e a adição de grupos fosfato.

o As moléculas selecionadas e processadas saem do Golgi na face trans (TGN), sendo embaladas em vesículas de transporte para serem entregues aos seus destinos finais.

De um modo geral, o aparelho de Golgi é um núcleo central para o tráfico e processamento celular, assegurando que as proteínas e os lípidos são adequadamente modificados, ordenados e entregues nos locais certos dentro da célula ou para secreção fora da célula. Desempenha um papel fundamental na manutenção da homeostase e da funcionalidade celular.

Lisossomas

Os lisossomas são organelos ligados à membrana que se encontram nas células eucarióticas e são conhecidos como a "lixeira" ou o "centro de reciclagem" da célula, devido ao seu papel na decomposição e reciclagem dos resíduos celulares. Aqui estão os principais aspectos dos lisossomas:

5. **Estrutura**:

o Os lisossomas são vesículas esféricas envolvidas por uma única membrana, conhecida como membrana lisossómica.

o O interior dos lisossomas contém enzimas hidrolíticas, incluindo hidrolases ácidas como proteases, lipases, nucleases e carbohidrases.

6. **Função**:

o **Digestão de macromoléculas**: Os lisossomas decompõem macromoléculas como as proteínas, os lípidos, os ácidos nucleicos e os hidratos de carbono nas moléculas que as compõem através de reacções de hidrólise.

o **Autofagia**: Os lisossomas desempenham um papel crucial na autofagia, um processo em que os componentes celulares, os organelos danificados ou as proteínas indesejadas são engolidos pelos autofagossomas (vesículas derivadas do RE ou das mitocôndrias) e entregues aos lisossomas para degradação e reciclagem.

o **Fagocitose**: Nas células imunitárias, como os macrófagos, os lisossomas fundem-se com os fagossomas que contêm agentes patogénicos ou partículas estranhas engolidas, levando à degradação destes materiais e à apresentação de antigénios para respostas imunitárias.

o **Exocitose**: Os lisossomas também podem sofrer exocitose, libertando o seu conteúdo (por exemplo, enzimas) para fora da célula para facilitar a digestão extracelular ou a remodelação da matriz extracelular.

7. **Regulação do pH**:

o Os lisossomas mantêm um pH ácido (cerca de pH 4,5-5) no interior do seu lúmen, o que é crucial para a atividade óptima das suas enzimas hidrolíticas.

o As bombas de protões na membrana lisossomal transportam ativamente iões de hidrogénio (protões) para o lisossoma, acidificando o seu ambiente.

8. **Papéis na homeostase celular**:

o Os lisossomas contribuem para a homeostase celular através da reciclagem e reutilização de componentes celulares, da eliminação de organelos danificados ou de proteínas mal dobradas e da regulação da disponibilidade de nutrientes através da autofagia.

o A disfunção das enzimas lisossomais ou a função lisossomal deficiente pode levar a distúrbios de armazenamento lisossomal (LSDs), em que substâncias não digeridas se acumulam dentro das células, causando disfunção celular e doença.

Em resumo, os lisossomas são organelos essenciais envolvidos na digestão celular, na eliminação de resíduos, na reciclagem de biomoléculas e na manutenção da limpeza e funcionalidade celulares. São fundamentais para a saúde celular em geral e desempenham papéis-chave em vários processos e vias celulares.

Centríolos e centrossomas

Os centríolos e os centrossomas são estruturas presentes nas células animais que desempenham papéis cruciais na divisão celular, na organização do citoesqueleto e na motilidade celular. Aqui está uma visão geral dos centríolos, centrossomas e suas funções:

1. **Centríolos**:

o **Estrutura**:

■ Os centríolos são estruturas cilíndricas compostas por microtúbulos dispostos num padrão específico.

■ Normalmente ocorrem aos pares, formando uma estrutura chamada centrossoma.

o **Localização**:

■ Os centríolos são encontrados principalmente em células animais, geralmente perto do núcleo.

■ Em alguns organismos e tipos de células, os centríolos também podem ser encontrados na base dos cílios e flagelos.

2. **Função**:

o **Divisão celular**: Os centríolos desempenham um papel crucial na organização dos microtúbulos durante a divisão celular (mitose e meiose).

■ Durante a divisão celular, os centríolos duplicam-se e os centríolos emparelhados deslocam-se para pólos opostos da célula, onde formam o aparelho fusiforme, que ajuda a separar os cromossomas em células filhas.

o **Formação de cílios e flagelos**: Os centríolos estão envolvidos na formação de cílios e flagelos, que são apêndices celulares envolvidos na motilidade celular e em funções sensoriais.

■ Os corpos basais, derivados dos centríolos, fixam os cílios e os flagelos à membrana celular e regulam o seu movimento.

o **Organização do citoesqueleto**: Os centríolos também estão envolvidos na organização do citoesqueleto, servindo como locais de nucleação para o crescimento dos microtúbulos e mantendo a forma e a estrutura da célula.

3. **Centrosomas**:

o **Estrutura**:

■ Um centrossoma é constituído por dois centríolos orientados perpendicularmente um ao outro, inseridos numa matriz rica em proteínas denominada material pericentriolar (PCM).

■ O PCM contém proteínas envolvidas na nucleação e organização dos microtúbulos.

o **Função**:

■ **Microtúbulo Organização**: Os centrossomas são os principais centros organizadores de microtúbulos (MTOCs) em células animais, onde nucleiam e ancoram microtúbulos.

- **Regulação da divisão celular**: Os centrossomas desempenham um papel na regulação do ciclo celular e asseguram a formação adequada do fuso e a segregação dos cromossomas durante a divisão celular.
- **Motilidade celular**: Nas células móveis, os centrossomas e as suas estruturas associadas (cílios, flagelos) estão envolvidos no movimento e na navegação das células.

De um modo geral, os centríolos e os centrossomas são essenciais para a divisão celular, a organização do citoesqueleto e a motilidade celular, contribuindo para a estrutura e função globais das células animais. O seu papel na divisão celular torna-os fundamentais para manter a estabilidade genómica e assegurar a distribuição exacta do material genético durante a replicação celular.

CAPÍTULO 3

Genética microbiana

ADN (Ácido Desoxirribonucleico)

Estrutura:

- **Dupla Hélice:** O ADN está estruturado como uma dupla hélice, consistindo em duas cadeias complementares que correm em direcções opostas.
- **Nucleótidos:** Cada cadeia é composta por unidades de nucleótidos, que incluem um grupo fosfato, uma molécula de açúcar desoxirribose e uma de quatro bases azotadas: adenina (A), citosina (C), guanina (G) e timina (T).
- **Emparelhamento de bases:** As duas cadeias são mantidas juntas por ligações de hidrogénio entre pares de bases complementares: pares de adenina (A) com timina (T) e pares de citosina (C) com guanina (G), seguindo as regras de Chargaff.

Função:

- **Armazenamento de informação genética:** O ADN é o principal repositório de informação genética em todos os organismos vivos, armazenando instruções essenciais para o crescimento, desenvolvimento e funcionamento.
- **Replicação:** A replicação do ADN é um processo fundamental em que a molécula de ADN é duplicada para garantir que cada célula filha herda uma cópia idêntica do material genético durante a divisão celular (mitose ou meiose).
- **Mutação e Variação:** O ADN sofre mutações, que são alterações na sequência de nucleótidos. Estas mutações conduzem à diversidade genética nas populações e facilitam a adaptação a novas condições ambientais ao longo das gerações.

O genoma da Escherichia coli, um procariota bem estudado, é constituído por cerca de 4,6 milhões de pares de bases. Se esticado linearmente, este ADN teria uma extensão de cerca de 1,6 milímetros. No entanto, para encaixar uma molécula tão longa dentro de uma pequena célula bacteriana é necessário um mecanismo conhecido como superenrolamento. No superenrolamento, o ADN é torcido e enrolado para além da sua estrutura de dupla hélice. As proteínas que induzem e mantêm ativamente estes estados de superenrolamento facilitam este empacotamento compacto. Em contraste, as células eucarióticas, que têm cromossomas lineares alojados num núcleo, utilizam uma estratégia diferente para organizar e compactar o seu ADN. Ao nível fundamental, o ADN envolve-se em proteínas chamadas histonas para formar estruturas chamadas nucleossomas. Cada nucleossoma é constituído por ADN firmemente enrolado em torno de um núcleo de proteínas histonas. Estes nucleossomas assemelham-se a "contas num fio", sendo o fio segmentos curtos de ADN que não estão associados a histonas. Os nucleossomas agrupam-se de forma a formar uma fibra com 30 nanómetros de largura, que se enrola em estruturas mais espessas e compactas.

Durante a mitose, especificamente na fase de metáfase, os cromossomas eucarióticos estão no seu estado mais condensado, com cerca de 700 nanómetros de largura. São visíveis como entidades distintas e estão associados a proteínas de suporte que ajudam a manter a sua estrutura e integridade. Na interfase, a fase entre as divisões mitóticas, os cromossomas eucarióticos sofrem descondensação. Estes apresentam regiões distintas quando corados, com regiões densamente compactadas (coloração escura) contendo genes inactivos tipicamente localizados perto dos centrómeros e telómeros. Por outro lado, as regiões pouco coradas contêm genes transcritos ativamente, onde o ADN está fracamente empacotado em torno dos nucleossomas, mas não altamente compactado. Estes mecanismos de empacotamento e organização do ADN em procariotas e eucariotas são essenciais para manter a integridade do genoma, regular a expressão dos genes e assegurar a utilização eficiente da informação genética durante os processos celulares.

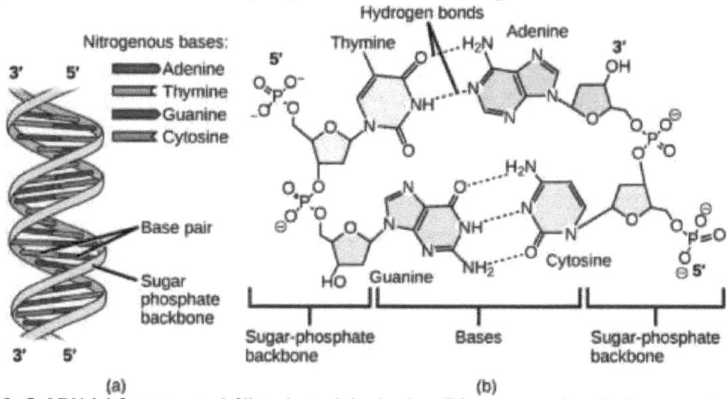

Figura 10. O ADN (a) forma uma hélice de cadeia dupla e (b) os pares de adenina com timina e citosina

Genes

Um gene é uma parte do ADN que codifica uma determinada proteína. O ADN é a base de dados de informação da célula e existe no núcleo da célula. Transporta todas as instruções genéticas importantes que produzem as proteínas necessárias às nossas células. Cada gene transporta um conjunto particular de instruções, geralmente num formato codificado, utilizado para uma função precisa ou para uma proteína distinta. Os referidos genes são primeiro transcritos em ARNm e depois convertidos numa cadeia polipeptídica. Um polipéptido é depois convertido numa proteína. Todo o código oculto dentro dos nossos genes emergiu como as nossas caraterísticas físicas, que são conhecidas como expressão genética.

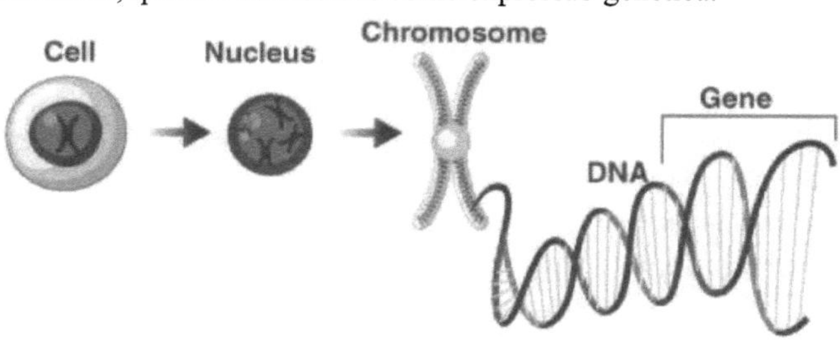

Figura 11. Regulação dos genes

Expressão génica

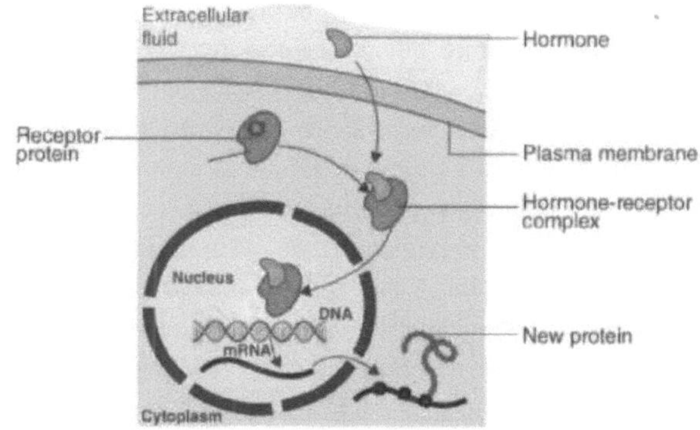

Figura 12. Expressão génica

Este processo envolve a utilização dos códigos genéticos dos genes para gerir a síntese das proteínas necessárias às estruturas celulares. Os genes que contêm a informação necessária para a sequência de aminoácidos são conhecidos como genes estruturais. O processo consiste em duas etapas principais:

1. **Transcrição:** Nesta etapa, as enzimas RNA polimerase facilitam a produção de RNA mensageiro (mRNA) através da transcrição da sequência de DNA. Isto resulta na formação de moléculas de ARNm.
2. **Tradução:** O principal papel do ARNm é orientar a síntese de uma proteína através do processo de tradução. Este processo envolve a montagem sequencial de aminoácidos com base na sequência do ARNm, levando ao subsequente processamento pós-tradução das moléculas de proteína.

Estes passos são fundamentais para a expressão genética e para a produção de proteínas funcionais que contribuem para várias funções e estruturas celulares nos organismos.

Regulação da Expressão Génica

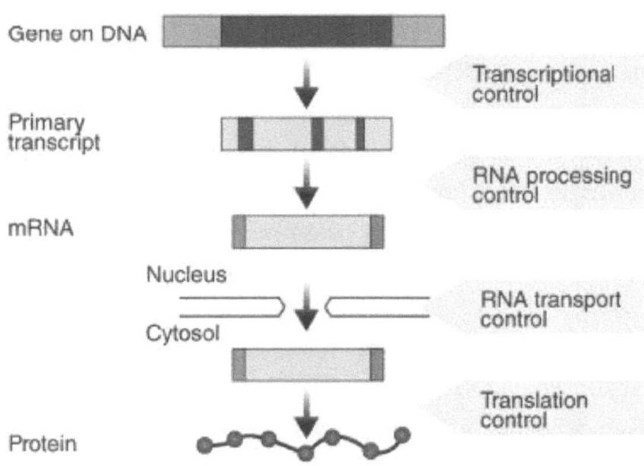

Figura 13: Regulação da expressão génica

A expressão génica é o processo através do qual as instruções codificadas no ADN são traduzidas em produtos funcionais, normalmente proteínas. Este processo fortemente coordenado permite que as células respondam a alterações no seu ambiente. Durante a expressão génica, a informação genética armazenada no ADN é primeiro transcrita para ARN mensageiro (ARNm) através da transcrição. Este ARNm serve de modelo para a síntese de proteínas durante a tradução. O fluxo de informação dos genes para as proteínas define a composição genética e as caraterísticas físicas de um organismo. Para ilustrar este processo, considere o exemplo dos genes da queratina. A queratina é uma proteína estrutural crucial para a formação do cabelo, das unhas e da pele. Normalmente, estes tecidos crescem continuamente para substituir as células gastas. No entanto, a produção excessiva de queratina pode levar a condições como o crescimento excessivo de cabelo, pele seca e dura ou unhas espessas. Para evitar estes resultados, é essencial regular a expressão dos genes da queratina. A regulação da expressão dos genes envolve vários mecanismos que as células utilizam para controlar a quantidade de proteínas produzidas a partir dos genes. Estes mecanismos asseguram que as proteínas são sintetizadas em quantidades adequadas e nos momentos certos, mantendo assim as funções celulares e respondendo eficazmente a estímulos internos e externos.

Expressão génica

Definição: A expressão genética refere-se ao processo através do qual a informação codificada no ADN é utilizada para dirigir a síntese de produtos genéticos funcionais, tais como proteínas ou ARN não codificantes.

Fases da expressão dos genes

1. **Transcrição:**

o **Definição:** A transcrição é a primeira fase da expressão genética em que um segmento de ADN é copiado para ARN pelas enzimas ARN polimerase.

o **Processo:**

■ **Início:** A RNA polimerase liga-se à região promotora do DNA, marcando o início da transcrição.

■ **Elongação:** A RNA polimerase move-se ao longo do molde de ADN, sintetizando uma cadeia de ARN complementar.

■ **Terminação:** A transcrição termina quando a RNA polimerase atinge uma sequência terminadora, e a molécula de RNA recém-formada é libertada.

2. **Processamento de ARN (em eucariotas):**

o **Definição:** O ARN recém-transcrito passa por etapas de processamento antes de se tornar num ARNm maduro.

o **Processos:**

■ **Capping:** Adição de uma capa 5' à molécula de ARNm.

■ **Poliadenilação:** Adição de uma cauda poli-A à extremidade 3'.

■ **Splicing:** Remoção de intrões (regiões não codificantes) e junção de exões (regiões codificantes).

3. **Tradução:**

o **Definição:** A tradução é o processo em que o ARNm é descodificado pelos ribossomas para produzir uma sequência específica de aminoácidos, formando uma proteína.

o **Processo:**

- **Início:** Os ribossomas ligam-se ao ARNm no códão de início (AUG) e o ARNt que transporta o aminoácido correspondente liga-se.
- **Alongamento:** Aminoácidos sucessivos são adicionados à cadeia polipeptídica em crescimento à medida que o ribossoma se move ao longo do ARNm.
- **Terminação:** A tradução pára quando é atingido um codão de paragem (UAA, UAG, UGA) e a proteína completa é libertada.

Regulação da Expressão Génica

A expressão génica é fortemente regulada para garantir que as proteínas são produzidas no momento certo, na quantidade certa e nos tipos de células adequados. Os mecanismos de regulação incluem:

- **Regulação transcricional:** Controlo da síntese de ARN por proteínas reguladoras (activadores e repressores) que se ligam a sequências reguladoras do ADN (potenciadores, promotores).
- **Regulação pós-transcricional:** Modulação da estabilidade, localização ou eficiência da tradução do mRNA por proteínas de ligação ao RNA e RNAs não-codificantes (miRNAs, siRNAs).
- **Regulação translacional:** Regulação da síntese proteica por factores que influenciam a ligação dos ribossomas ao ARNm ou a disponibilidade de ARNt.
- **Regulação Pós-Translacional:** Modificações das proteínas após a tradução, como a fosforilação, a glicosilação ou a clivagem proteolítica, que afectam a sua atividade, localização ou estabilidade.

Métodos para estudar a expressão dos genes

1. **Northern Blotting:** Deteção e quantificação de moléculas específicas de ARN (mRNA) utilizando técnicas de eletroforese em gel e hibridação.
2. **PCR quantitativo (qPCR):** Medição dos níveis de ARNm utilizando amplificação por PCR e deteção de fluorescência.
3. **Sequenciação de ARN (RNA-Seq):** Sequenciação de alto rendimento de moléculas de ARN para quantificar os níveis de expressão genética e identificar transcritos.
4. **Ensaios de repórteres:** Utilização de genes repórteres (por exemplo, GFP) para estudar a regulação transcricional e translacional em células ou organismos.
5. **Proteómica:** Estudo dos níveis de expressão e das modificações das proteínas através de técnicas como a espetrometria de massa.
6. **Imunoprecipitação da cromatina (ChIP):** Análise das interações proteína-DNA para estudar a regulação da transcrição e as modificações da cromatina.

Compreender a expressão dos genes é fundamental para compreender os processos celulares, o desenvolvimento e os mecanismos das doenças. A intrincada regulação da expressão génica assegura o funcionamento correto dos organismos e a sua capacidade de responder a alterações ambientais.

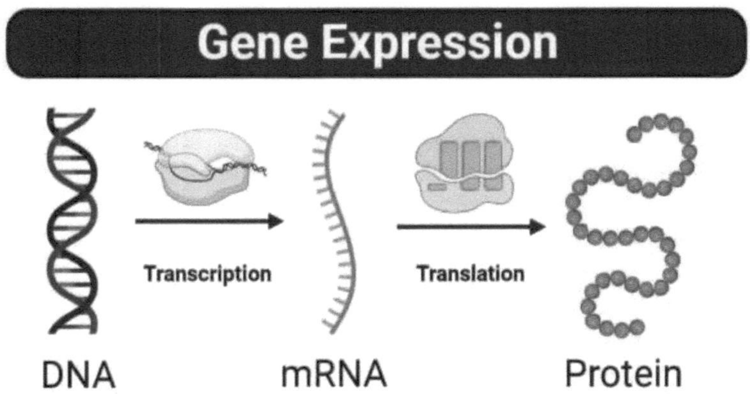

Figura 14: Transcrição

- O processo de transcrição começa com a ligação da RNA polimerase a uma região específica da molécula de ADN denominada promotor. O promotor assinala o ponto de partida da transcrição.
- A RNA polimerase desenrola a dupla hélice de DNA perto da região promotora. Isto permite que uma das cadeias de ADN actue como modelo para a síntese do ARNm.
- À medida que a polimerase de ARN se move ao longo do molde de ADN, adiciona nucleótidos de ARN complementares à cadeia de ARNm em crescimento. A molécula de ARN é sintetizada na direção 5' a 3', complementar à cadeia de ADN modelo.

A transcrição continua até ser atingido um sinal de terminação na sequência de ADN. Este sinal faz com que a RNA polimerase se separe do molde de DNA e a molécula de mRNA é libertada.

Nos procariotas, a transcrição e a tradução ocorrem no mesmo compartimento.

Nos eucariotas, o transcrito inicial de ARN (pré ARNm) sofre modificações antes de se tornar ARNm maduro. Estas modificações incluem o capping, o splicing e a adição de uma cauda poli-A à molécula de ARNm.

Uma vez processadas, as moléculas de ARNm maduras são transportadas do núcleo da célula para o citoplasma, onde servem de modelo para a síntese de proteínas durante a tradução.

Tradução

A tradução começa quando o ARNm se liga ao ribossoma, que reconhece o códão de início (AUG) no ARNm, marcando o ponto de iniciação da tradução.

As moléculas de ARN de transferência (ARNt), cada uma transportando um aminoácido específico, fazem corresponder as suas sequências de anticódons aos códons correspondentes no ARNm.

Durante o alongamento, o ribossoma desloca-se ao longo do ARNm e cada códão é combinado com o anticódão de ARNt apropriado. Os aminoácidos transportados pelos tRNAs são unidos numa sequência específica, formando uma cadeia polipeptídica.

À medida que o ribossoma se move ao longo do ARNm, esta cadeia cresce, criando a estrutura primária da proteína.

A tradução continua até que um códon de parada (UAA, UAG ou UGA) seja encontrado no mRNA. Os codões de paragem não codificam quaisquer aminoácidos; em vez disso, assinalam o fim do processo de tradução.

Após a tradução, a proteína recém-sintetizada pode sofrer várias modificações pós-tradução. Estas modificações podem incluir a dobragem numa forma tridimensional específica, a adição de grupos funcionais ou a clivagem de segmentos específicos para ativar a proteína.

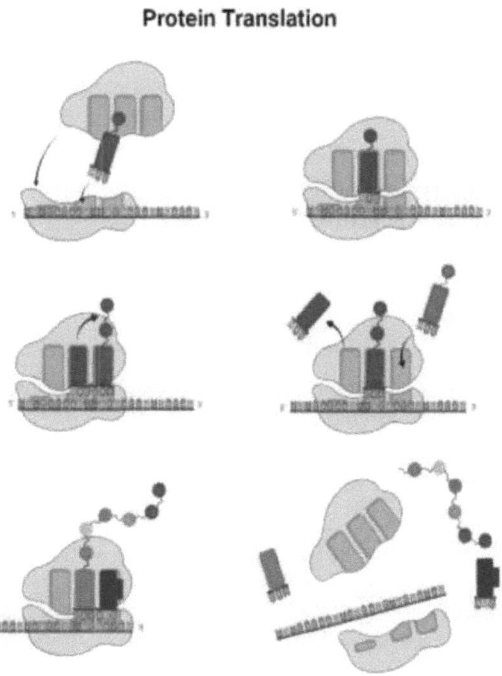

Figura 15: Regulação da expressão génica

A regulação da expressão génica é um processo vital que controla quando e em que medida os genes produzem proteínas. A expressão génica é regulada para garantir que as proteínas são geradas em células específicas em alturas específicas. A expressão dos genes é regulada em várias fases: transcrição, processamento do ARN, tradução e modificação pós-tradução.

Variação genética

Mutação

A mutação genética refere-se a qualquer alteração na sequência de nucleótidos do ADN que pode levar a mudanças na informação genética transportada por um organismo. As mutações podem ocorrer espontaneamente durante a replicação do ADN ou devido à exposição a agentes mutagénicos (químicos, radiação) e podem ter várias consequências, dependendo do seu tipo e localização no genoma.

Tipos de mutações genéticas:

1. **Mutações pontuais:**

o **Substituição:** Uma única base nucleotídica é substituída por outra.

▪ **Mutação silenciosa:** Alteração nucleotídica que não altera a sequência de aminoácidos.

▪ **Mutação missense:** Alteração nucleotídica que resulta num aminoácido diferente.

▪ **Mutação Nonsense:** Alteração nucleotídica que cria um códon de paragem prematuro.

2. **Inserções e eliminações:**

o **Inserção:** Adição de uma ou mais bases nucleotídicas na sequência de ADN.

o **Deleção:** Remoção de uma ou mais bases nucleotídicas da sequência de ADN.

o **Mutação Frameshift:** Inserções ou deleções que interrompem o quadro de leitura do gene, alterando a sequência de aminoácidos subsequente.

Mecanismos de mutação genética:

- **Mutações espontâneas:** Ocorrem naturalmente durante a replicação ou reparação do ADN devido a erros na ADN polimerase ou noutros processos celulares.
- **Mutações induzidas:** Causadas pela exposição a agentes mutagénicos, tais como produtos químicos (por exemplo, agentes alquilantes), radiação (por exemplo, luz UV) ou factores ambientais.

Consequências das mutações genéticas:

- **Mutações neutras:** Sem impacto significativo no fenótipo ou na função do organismo.
- **Mutações benéficas:** Proporcionam vantagens em ambientes específicos (por exemplo, resistência a antibióticos em bactérias).
- **Mutações nocivas:** Causam distúrbios genéticos, doenças ou prejudicam as funções celulares normais.

Deteção e análise de mutações genéticas:

- **Técnicas de sequenciação:** Métodos de sequenciação de ADN (por exemplo, sequenciação Sanger, sequenciação de nova geração) utilizados para identificar alterações de nucleótidos.
- **Rastreio genético:** Métodos de rastreio para detetar mutações associadas a doenças ou caraterísticas genéticas.

- **Ferramentas de bioinformática:** Ferramentas computacionais para analisar dados de mutações e prever consequências funcionais.

As mutações genéticas desempenham um papel fundamental na diversidade genética, na evolução e na doença. A compreensão dos seus mecanismos e efeitos é crucial em domínios que vão desde a genética básica à medicina personalizada e à engenharia genética.

A recombinação refere-se ao processo pelo qual o material genético de duas fontes diferentes (frequentemente moléculas de ADN homólogas) é trocado, resultando em novas combinações de alelos ou genes. Este fenómeno é crucial para gerar diversidade genética e desempenha um papel significativo na evolução e na recombinação genética.

Tipos de Recombinação:

1. **Recombinação homóloga:**

o **Definição:** Troca de material genético entre cromossomas homólogos ou cadeias de ADN.

o **Processo:** Ocorre durante a meiose (crossing over) ou processos de reparação do ADN.

o **Mecanismo:** Envolve o alinhamento e a troca de segmentos de ADN entre duas moléculas de ADN semelhantes, guiados por homologia de sequência.

2. **Recombinação específica do local:**

o **Definição:** A recombinação ocorre em sítios de reconhecimento específicos nas sequências de ADN.

o **Processo:** Mediado por recombinases específicas do local que reconhecem e catalisam a recombinação em sequências específicas de ADN.

o **Exemplos:** Integração de genomas de fagos em cromossomas bacterianos, integração de ADN de plasmídeos em genomas bacterianos.

Importância da Recombinação:

- **Diversidade genética:** Gera novas combinações de alelos e genes, aumentando a variabilidade genética dentro das populações.
- **Adaptação evolutiva:** Facilita a adaptação a ambientes em mudança, produzindo combinações de genes vantajosos.
- **Mecanismo de reparação:** Essencial para reparar danos no ADN, como quebras de fita dupla, assegurando a estabilidade genómica.
- **Transferência horizontal de genes (HGT):** Permite a transferência de material genético entre diferentes organismos, contribuindo para a diversidade bacteriana e a adaptação a novos nichos.

Métodos e mecanismos:

- **Crossing Over:** Ocorre durante a meiose, onde cromossomas homólogos trocam material genético em posições correspondentes.
- **Enzimas Recombinase:** Catalisam a clivagem e a junção de cadeias de ADN durante a recombinação específica do local.
- **Seleção Natural:** Actua sobre as novas combinações genéticas geradas pela

recombinação, promovendo caraterísticas vantajosas nas populações.

Aplicações e investigação:

- **Engenharia genética:** Utiliza sistemas de recombinação específicos do local (por exemplo, sistema Cre-lox) para manipular e estudar a função dos genes.
- **Biologia Evolutiva:** Estuda o papel da recombinação na especiação, adaptação e biodiversidade.
- **Genética médica:** Investiga eventos de recombinação associados a doenças genéticas e padrões de herança.

A recombinação é um processo genético fundamental que está na base da diversidade genética e da adaptação em todos os domínios da vida. O seu estudo permite compreender a dinâmica evolutiva, as estratégias de engenharia genética e os mecanismos das doenças genéticas.

A transferência horizontal de genes (HGT) refere-se ao processo pelo qual o material genético é transferido entre diferentes organismos, muitas vezes para além das fronteiras das espécies. Ao contrário da transferência vertical de genes (do progenitor para a descendência), que ocorre durante a reprodução, a HGT permite a troca de informação genética entre organismos não relacionados, conduzindo a uma rápida evolução e adaptação das populações microbianas.

Mecanismos de transferência horizontal de genes:

1. **Transformação:**

o **Processo:** Captação e incorporação de ADN nu do meio ambiente numa célula recetora.

o **Exemplo:** Bactérias como o Streptococcus pneumoniae podem absorver fragmentos de ADN libertados por células lisadas.

2. **Transdução:**

o **Processo:** Transferência de material genético entre bactérias através de bacteriófagos (vírus que infectam bactérias).

o **Mecanismo:** Durante a infeção, os bacteriófagos podem acidentalmente empacotar o ADN bacteriano e transferi-lo para outra célula hospedeira.

3. **Conjugação:**

o **Processo:** Transferência direta de ADN de uma célula bacteriana para outra através do contacto célula-a-célula.

o **Mecanismo:** Mediado por plasmídeos conjugativos que transportam genes que codificam a maquinaria de conjugação (por exemplo, pili) e proteínas de transferência.

4. **Elementos transponíveis:**

o **Definição:** Segmentos de ADN capazes de se deslocar dentro e entre genomas.

o **Mecanismo:** Os transposões ("genes saltadores") podem mobilizar-se dentro de um genoma e, ocasionalmente, deslocar-se para outras células ou organismos.

Importância da transferência horizontal de genes:

- **Diversidade genética:** Introduz novas caraterísticas e combinações genéticas nas populações microbianas, aumentando a adaptabilidade a diversos ambientes.

• **Resistência aos antibióticos:** Facilita a rápida disseminação de genes de resistência a antibióticos entre as bactérias, colocando desafios em contextos clínicos.

• **Factores de Virulência:** A transferência de genes de virulência pode aumentar a patogenicidade das bactérias, contribuindo para surtos de doenças.

• **Adaptação ambiental:** Permite que os micróbios adquiram genes para vias metabólicas ou respostas ao stress, ajudando à sobrevivência em condições adversas.

Aplicações e investigação:

• **Biotecnologia:** Utiliza mecanismos de HGT para a engenharia genética e a produção de proteínas recombinantes.

• **Estudos evolutivos:** Investiga o papel da HGT na evolução, especiação e adaptação microbiana.

• **Microbiologia médica:** Estuda eventos HGT associados à disseminação de resistência a antibióticos e determinantes de virulência.

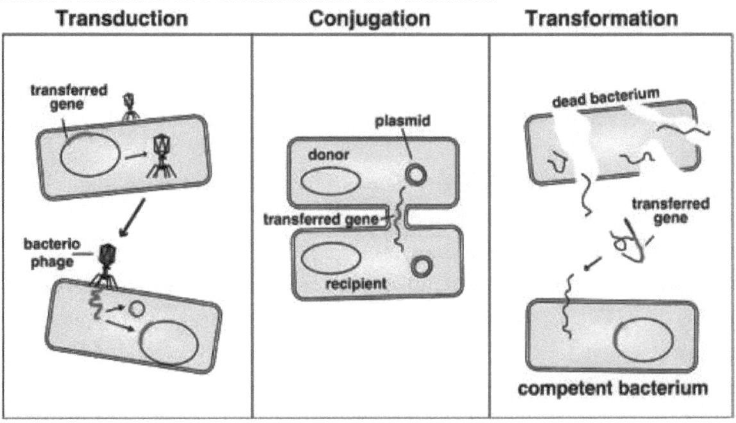

Os plasmídeos e os transposões são ambos tipos de elementos genéticos móveis encontrados em vários organismos, particularmente em bactérias, que desempenham papéis importantes na diversidade genética, adaptação e evolução.

Plasmídeos:

1. **Definição:** Os plasmídeos são pequenas moléculas circulares de ADN que existem independentemente do ADN cromossómico nas células bacterianas e em algumas células eucarióticas.

2. **Caraterísticas:**

o **Tamanho:** Tipicamente mais pequeno do que o cromossoma bacteriano, variando de alguns a centenas de pares de quilobases.

o **Replicação:** Podem replicar-se autonomamente dentro da célula hospedeira, utilizando frequentemente enzimas e maquinaria do hospedeiro.

o **Transferência:** Alguns plasmídeos possuem mecanismos de transferência horizontal entre células bacterianas, contribuindo para a diversidade genética.

3. **Tipos:**

o **Plasmídeos conjugativos:** Transportam genes necessários para a sua própria transferência entre células bacterianas por conjugação (contacto célula a célula).

o **Plasmídeos não conjugativos:** Não possuem genes de conjugação, mas podem ainda replicar-se na célula hospedeira e proporcionar vantagens selectivas (por exemplo, resistência a antibióticos).

o **Plasmídeos de fertilidade (F):** Codificam a maquinaria de conjugação e são responsáveis pelo início da conjugação.

4. **Funções:**

o **Resistência a antibióticos:** Transportam genes que codificam a resistência a antibióticos, contribuindo para a sobrevivência bacteriana na presença de antibióticos.

o **Factores de Virulência:** Genes de porto que aumentam a patogenicidade das bactérias através da codificação de toxinas ou factores de adesão.

o **Vias Metabólicas:** Transportam genes para a degradação de compostos invulgares ou para a versatilidade metabólica.

5. **Aplicações:**

o **Biotecnologia:** Utilizados como vectores na engenharia genética para introduzir genes de interesse em células bacterianas para a produção de proteínas ou outras aplicações.

o **Ferramentas de investigação:** Servem como ferramentas para estudar a expressão e a regulação dos genes e outras técnicas de biologia molecular.

Transposões (elementos transponíveis):

1. **Definição:** Os transposões, também conhecidos como "genes saltadores", são segmentos de ADN que se podem mover ou transpor dentro de um genoma.

2. **Caraterísticas:**

o **Estrutura:** Podem variar em tamanho e estrutura, mas normalmente contêm repetições invertidas terminais (TIRs) e genes que codificam enzimas transposase.

o **Mecanismo:** As enzimas transposase catalisam a excisão de uma localização no genoma e a inserção noutra, criando frequentemente mutações.

3. **Tipos:**

o **Sequências de inserção (elementos IS):** Os transposões mais simples consistem principalmente em genes que codificam a transposase e sequências de repetição invertida.

o **Transposões compostos:** Contêm genes adicionais entre as repetições invertidas, tais como genes de resistência a antibióticos.

4. **Funções:**

o **Evolução do genoma:** Contribuem para rearranjos do genoma e variações estruturais através da inserção em novas localizações genómicas.

o **Mutagénese:** Podem perturbar a função ou a regulação dos genes quando inseridos em sequências codificantes ou reguladoras.

o **Transferência horizontal:** Facilitam a transferência horizontal de genes através da mobilização de genes ou plasmídeos adjacentes entre células.

5. **Aplicações:**

- **Engenharia genética:** Utilizada como ferramenta para criar mutações ou introduzir genes nos genomas.
- **Estudos evolutivos:** Fornecer conhecimentos sobre a dinâmica do genoma, adaptação e processos evolutivos nos organismos.

Tanto os plasmídeos como os transposões são essenciais para compreender a genética microbiana, os mecanismos de adaptação e as suas aplicações na biotecnologia e na investigação médica. A sua mobilidade e diversidade de funções sublinham a sua importância na ecologia microbiana e na diversidade genética

CAPÍTULO 4

Metabolismo microbiano

Vias metabólicas

As vias catabólicas são processos metabólicos que envolvem a decomposição de moléculas complexas em moléculas mais simples, normalmente libertando energia sob a forma de ATP. Estas vias são essenciais para fornecer às células a energia necessária para várias funções fisiológicas. Aqui está uma visão geral das principais vias catabólicas:

1. **Glicólise:**

o **Definição:** A glicólise é a via inicial do metabolismo da glicose, ocorrendo no citoplasma das células.

o **Processo:** A glicose (um açúcar de seis carbonos) é enzimaticamente convertida em duas moléculas de piruvato (um composto de três carbonos).

o **Rendimento energético:** Gera um ganho líquido de 2 moléculas de ATP e 2 moléculas de NADH por molécula de glucose.

o **Importância:** Via ubíqua encontrada em quase todos os organismos, servindo como ponto central para o catabolismo de hidratos de carbono.

2. **Ciclo do ácido cítrico (Ciclo de Krebs):**

o **Definição:** O ciclo do ácido cítrico tem lugar na matriz mitocondrial (nos eucariotas) ou no citoplasma (nos procariotas).

o **Processo:** O acetil-CoA (derivado do piruvato ou dos ácidos gordos) entra no ciclo, passando por uma série de reacções redox que produzem ATP, NADH, $FADH_2$ e dióxido de carbono (CO_2).

o **Rendimento energético:** Cada volta do ciclo gera 3 NADH, 1 $FADH_2$, 1 ATP (ou GTP) e liberta CO_2.

o **Importância:** Integra as vias metabólicas, fornecendo electrões à cadeia de transporte de electrões (CTE) para a produção de ATP.

3. **Oxidação de ácidos gordos:**

o **Definição:** A oxidação dos ácidos gordos ocorre nas mitocôndrias e envolve a decomposição dos ácidos gordos em acetil-CoA.

o **Processo:** Os ácidos gordos são decompostos sequencialmente através da betaoxidação em unidades de dois carbonos (acetil-CoA), que entram no ciclo do ácido cítrico.

o **Rendimento energético:** Cada ciclo de beta-oxidação gera NADH e $FADH_2$, que alimentam a ETC para produzir ATP.

o **Importância:** Via primária para gerar energia a partir de gorduras armazenadas durante períodos de jejum ou exercício prolongado.

4. **Catabolismo das proteínas:**

o **Definição:** As proteínas são hidrolisadas em aminoácidos, que podem depois entrar em várias vias metabólicas para produção de energia ou síntese de outras moléculas.

o **Processo:** As proteases decompõem as proteínas em aminoácidos, que são posteriormente desaminados ou convertidos em intermediários da glicólise ou do ciclo do ácido cítrico.

- **Rendimento energético:** Os aminoácidos contribuem para a produção de energia através da conversão em piruvato, acetil-CoA, ou alimentando diretamente o ciclo do ácido cítrico.
- **Importância:** Fornece uma fonte de energia e matérias-primas para a manutenção e reparação celular.

5. **Via das pentoses fosfato (PPP):**

- **Definição:** A PPP é uma via alternativa à glicólise, que ocorre no citoplasma, particularmente em tecidos com elevada atividade de síntese (por exemplo, fígado, tecido adiposo).
- **Processo:** Gera NADPH e pentoses (açúcares de cinco carbonos), essenciais para a síntese de nucleótidos e poder redutor nas reacções anabólicas.
- **Função:** Fornece equivalentes redutores (NADPH) para processos biossintéticos e defesas antioxidantes.

As vias catabólicas desempenham um papel crucial no metabolismo energético, fornecendo às células ATP e equivalentes redutores (NADH, $FADH_2$) necessários para as funções celulares. Estas vias são rigorosamente reguladas para manter a homeostase metabólica e responder às necessidades energéticas do organismo.

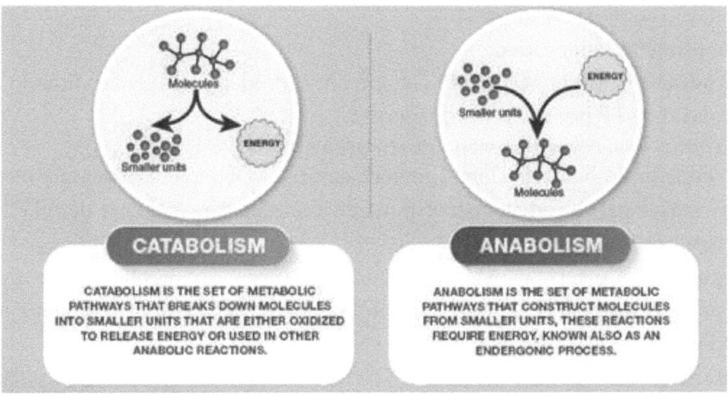

Figura 16: Catebolismo e Anabolismo

Com certeza! A glicólise é uma via catabólica fundamental que consiste na degradação da glicose para produzir energia sob a forma de ATP e piruvato. Eis um resumo da glicólise:

Glicólise

1. **Definição:** A glicólise é uma série de reacções enzimáticas que ocorrem no citoplasma das células, convertendo a glicose (um açúcar de seis carbonos) em duas moléculas de piruvato (um composto de três carbonos).
2. **Etapas da glicólise:**

- **Etapa 1: Fosforilação da glucose**

A glucose é fosforilada em glucose-6-fosfato utilizando ATP, catalisado pela enzima hexoquinase.

A glucose-6-fosfato é convertida em frutose-6-fosfato pela enzima fosfoglucose isomerase.

- **Etapa 3: Fosforilação da frutose-6-fosfato**

A frutose-6-fosfato é fosforilada em frutose-1,6-bisfosfato utilizando outra molécula de ATP, catalisada pela fosfofrutoquinase.

- **Etapa 4: Clivagem e isomerização**

A frutose-1,6-bisfosfato é clivada em duas moléculas de três carbonos: fosfato de dihidroxiacetona (DHAP) e gliceraldeído-3-fosfato (G3P).

- **Etapa 5: Conversão de DHAP em G3P**

O DHAP é convertido em G3P, resultando em duas moléculas de G3P a partir da molécula de glucose original.

- **Etapas 6-9: Geração de energia e produção de ATP** O G3P sofre uma série de reacções redox, resultando na produção de ATP e NADH.

  - O G3P é oxidado a 1,3-bisfosfoglicerato, produzindo NADH no processo.
  - O 1,3-bisfosfoglicerato é convertido em 3-fosfoglicerato, gerando ATP através da fosforilação ao nível do substrato.
  - O 3-fosfoglicerato é convertido em 2-fosfoglicerato, que é depois convertido em fosfoenolpiruvato (PEP).
  - O PEP é convertido em piruvato, produzindo outra molécula de ATP através da fosforilação ao nível do substrato.

3. **Rendimento energético:**

- **Produção líquida de ATP:** A glicólise produz um ganho líquido de 2 moléculas de ATP por molécula de glucose.

- **Produção de NADH:** Gera 2 moléculas de NADH, que transportam electrões de alta energia para a cadeia de transporte de electrões para a síntese de ATP.

4. **Regulação da glicólise:**

- **Regulação alostérica:** As enzimas da glicólise são reguladas por factores alostéricos, como o ATP, o ADP e o citrato, que modulam a atividade enzimática com base no estado energético celular.
- **Inibição de feedback:** Níveis elevados de ATP e citrato inibem a fosfofrutoquinase, abrandando a glicólise quando as necessidades energéticas são satisfeitas.

5. **Importância:**

- **Via universal:** A glicólise é conservada em todos os organismos, desde as bactérias até aos seres humanos, destacando o seu papel fundamental no metabolismo celular.
- **Produção de energia:** Fornece ATP e moléculas precursoras (piruvato) para várias vias metabólicas, incluindo o ciclo do ácido cítrico e a gluconeogénese.

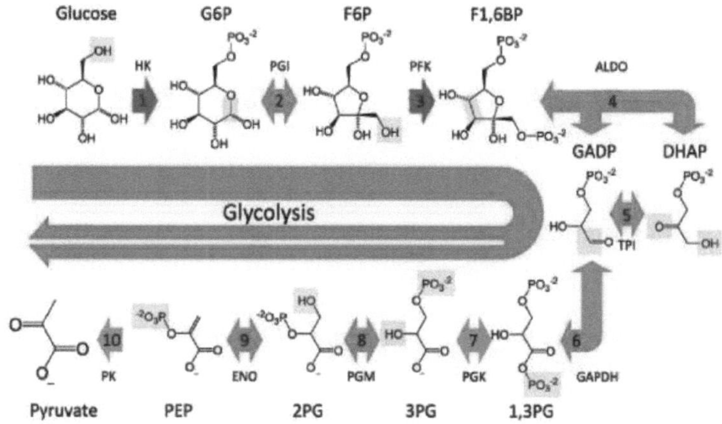

Via da glicólise

A via da glicólise ocorre nas seguintes etapas:

Fase 1

Um grupo fosfato é adicionado à glicose no citoplasma da célula, pela ação da enzima hexoquinase. Neste processo, um grupo fosfato é transferido do ATP para a glucose, formando glucose,6-fosfato.

Fase 2

A glicose-6-fosfato é isomerizada em frutose-6-fosfato pela enzima fosfoglucomutase.

Fase 3

A outra molécula de ATP transfere um grupo fosfato para a frutose 6-fosfato e converte-a em frutose 1,6-bisfosfato por ação da enzima fosfofrutoquinase.

Fase 4

A enzima aldolase converte a frutose 1,6-bisfosfato em gliceraldeído 3-fosfato e dihidroxiacetona fosfato, que são isómeros um do outro.

Passo 5

A isomerase de triose-fosfato converte o fosfato de di-hidroxiacetona em gliceraldeído 3-fosfato, que é o substrato na fase sucessiva da glicólise.

Passo 6

Esta etapa sofre duas reacções:

- A enzima gliceraldeído 3-fosfato desidrogenase transfere uma molécula de hidrogénio do gliceraldeído fosfato para o nicotinamida adenina dinucleótido, formando NADH + H .$^+$
- A gliceraldeído 3-fosfato desidrogenase adiciona um fosfato ao gliceraldeído fosfato oxidado para formar 1,3-bisfosfoglicerato.

Passo 7

O fosfato é transferido do 1,3-bisfosfoglicerato para o ADP para formar ATP com a ajuda da fosfogliceroquinase. Assim, no final desta reação, obtêm-se duas moléculas de fosfoglicerato e ATP.

Passo 8

O fosfato de ambas as moléculas de fosfoglicerato é deslocado do terceiro para o segundo carbono para produzir duas moléculas de 2-fosfoglicerato pela enzima fosfogliceromutase.

Passo 9

A enzima enolase remove uma molécula de água do 2-fosfoglicerato para formar fosfoenolpiruvato.

Passo 10

Um fosfato do fosfoenolpiruvato é transferido para o ADP para formar piruvato e ATP por ação da piruvato quinase. O produto é constituído por duas moléculas de piruvato e ATP.

O ciclo do ácido cítrico, também conhecido como ciclo de Krebs ou ciclo do ácido tricarboxílico (TCA), é uma via metabólica central em organismos aeróbicos que completa a oxidação do acetil-CoA derivado de hidratos de carbono, gorduras e proteínas. Aqui está uma visão geral do ciclo do ácido cítrico:

Ciclo do ácido cítrico (Ciclo de Krebs)

1. **Localização:** O Ciclo do Ácido Cítrico ocorre na matriz mitocondrial das células eucarióticas e no citoplasma das células procarióticas.
2. **Principais etapas:**

o **Etapa 1: Entrada de acetil-CoA**

o O acetil-CoA, derivado da decomposição de hidratos de carbono, gorduras e aminoácidos, entra no ciclo combinando-se com o oxaloacetato (um quatro-
) para formar citrato (uma molécula de seis carbonos). Esta reação é catalisada pela citrato sintase.

o **Etapa 2: Isomerização do citrato**

o O citrato sofre isomerização a isocitrato, facilitada pela enzima aconitase.

o **Etapa 3: Formação de α-cetoglutarato**

o O isocitrato é oxidado para formar α-cetoglutarato, produzindo NADH e libertando dióxido de carbono (CO_2). Esta reação é catalisada pela isocitrato desidrogenase.

o **Etapa 4: Formação de succinil-CoA**

o o α-cetoglutarato é posteriormente oxidado para formar succinil-CoA, gerando NADH e libertando CO_2. Esta reação é catalisada pelo complexo α-cetoglutarato desidrogenase.

o **Etapa 5: Formação de succinato**

o A succinil-CoA sofre fosforilação ao nível do substrato para formar succinato e libertar CoA-SH. Esta reação é catalisada pela succinil-CoA sintetase, gerando ATP ou GTP.

o **Etapa 6: Formação de fumarato**

o O succinato é oxidado para formar fumarato, produzindo $FADH_2$. Esta reação é catalisada pela succinato desidrogenase, que se encontra na membrana mitocondrial interna e também funciona como Complexo II da cadeia de transporte de electrões.

- **Etapa 7: Formação de malato**
- O fumarato é hidratado para formar malato, catalisado pela fumarase.
- **Etapa 8: Regeneração do oxaloacetato**
- O malato é oxidado para regenerar o oxaloacetato, produzindo NADH. Esta reação é catalisada pela malato desidrogenase, completando o ciclo.

3. **Rendimento energético:**
   - **Por volta do ciclo:** Cada volta do Ciclo do Ácido Cítrico produz 3 moléculas de NADH, 1 molécula de $FADH_2$ e 1 molécula de ATP (ou GTP), juntamente com 2 moléculas de CO_2.
   - **Rendimento energético total:** Uma vez que a glicólise produz 2 moléculas de piruvato (e, por conseguinte, 2 moléculas de acetil-CoA a partir do piruvato), o ciclo do ácido cítrico completa-se duas vezes por molécula de glucose, duplicando o rendimento energético.
4. **Papel no Metabolismo:**
   - **Produção de energia:** O ciclo do ácido cítrico gera transportadores de electrões de alta energia (NADH e FADH2) que alimentam a cadeia de transporte de electrões (CTE) com electrões para a produção de ATP através da fosforilação oxidativa.
   - **Metabolitos intermediários:** Os intermediários do ciclo servem como precursores para a biossíntese de outras moléculas, incluindo aminoácidos, nucleótidos e lípidos.
5. **Regulamento:**
   - **Regulação enzimática:** As enzimas-chave do ciclo do ácido cítrico são reguladas alostericamente e através da disponibilidade de substratos para se coordenarem com as necessidades energéticas celulares e as exigências metabólicas.
6. **Importância:**

O Ciclo do Ácido Cítrico é um eixo central do metabolismo celular, integrando as vias metabólicas dos hidratos de carbono, gorduras e proteínas para produzir ATP e intermediários essenciais para as funções celulares.

- Desempenha um papel crucial na manutenção da homeostase metabólica e na resposta às necessidades energéticas da célula em condições aeróbicas.

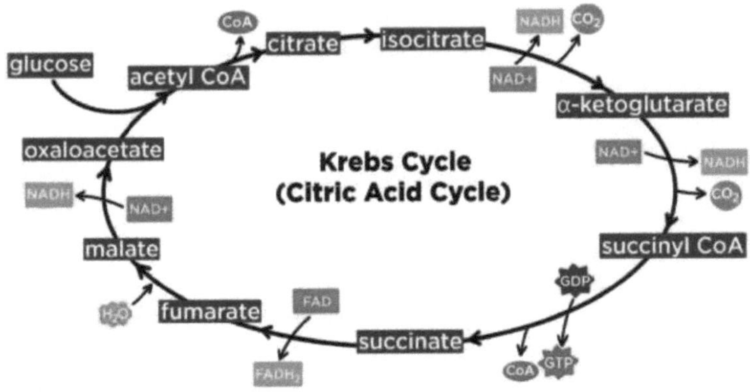

Figura 17: Ciclo de Kreb

As vias anabólicas são processos metabólicos que envolvem a síntese de moléculas complexas a partir de moléculas mais simples, exigindo um aporte energético. Estas vias são essenciais para a construção de vários componentes celulares e para a manutenção das funções celulares. Eis algumas das principais vias anabólicas:

1. **Síntese de proteínas:**

o **Visão geral:** A síntese proteica envolve a produção de proteínas a partir de aminoácidos, dirigida pelo ARN mensageiro (ARNm) sintetizado durante a transcrição.

o **Etapas:** Inclui a tradução do ARNm nos ribossomas, onde os aminoácidos são ligados entre si numa sequência específica ditada pela sequência do ARNm.

2. **Glicogénese:**

o **Visão geral:** A glicogénese é o processo de síntese de glicogénio, um polímero ramificado de glicose, para armazenamento de energia nas células do fígado e dos músculos.

o **Passos:** As moléculas de glicose são polimerizadas e ramificadas através de enzimas como a glicogénio sintase e a enzima de ramificação.

3. **Lipogénese:**

o **Visão geral:** A lipogénese é a síntese de ácidos gordos e triglicéridos a partir de acetil-CoA, que são armazenados como reservas de energia no tecido adiposo.

o **Etapas:** O acetil-CoA sofre reacções de carboxilação e redução no citoplasma para formar ácidos gordos, que depois se combinam com o glicerol para formar triglicéridos.

4. **Síntese de nucleótidos:**

o **Visão geral:** A síntese de nucleótidos envolve a produção de nucleótidos (blocos de construção do ADN e ARN) a partir de precursores mais simples.

o **Etapas:** As purinas (adenina e guanina) e as pirimidinas (citosina, timina e uracilo) são sintetizadas através de vias com várias etapas que utilizam aminoácidos, açúcares e outras moléculas.

5. **Síntese do colesterol:**

- **Visão geral:** A síntese do colesterol é a via através da qual as células produzem colesterol, um componente essencial das membranas celulares e um precursor das hormonas esteróides .
- **Passos:** O acetil-CoA é convertido em mevalonato através de uma série de reacções enzimáticas no retículo endoplasmático, levando à produção de colesterol.

6. **Síntese de aminoácidos:**

- **Visão geral:** A síntese de aminoácidos envolve a produção de aminoácidos a partir de intermediários das vias metabólicas centrais.
- **Etapas:** Existem diferentes vias para a síntese de aminoácidos não essenciais, enquanto os aminoácidos essenciais devem ser obtidos a partir da dieta ou sintetizados através de vias mais complexas.

7. **Crescimento e divisão celular:**

- As vias anabólicas são cruciais durante o crescimento e a divisão celular, fornecendo as moléculas e a energia necessárias para a formação de novas estruturas e organelos celulares.

8. **Utilização de energia:**

- Embora as vias anabólicas consumam ATP e equivalentes redutores (por exemplo, NADPH) para a biossíntese, também contribuem para o armazenamento e utilização de energia nas células.

Estas vias anabólicas são fortemente reguladas para manter a homeostase celular e responder a exigências fisiológicas como o crescimento, a reparação e a adaptação a condições ambientais variáveis. A compreensão destas vias é essencial para compreender o metabolismo celular e a base bioquímica dos processos vitais.

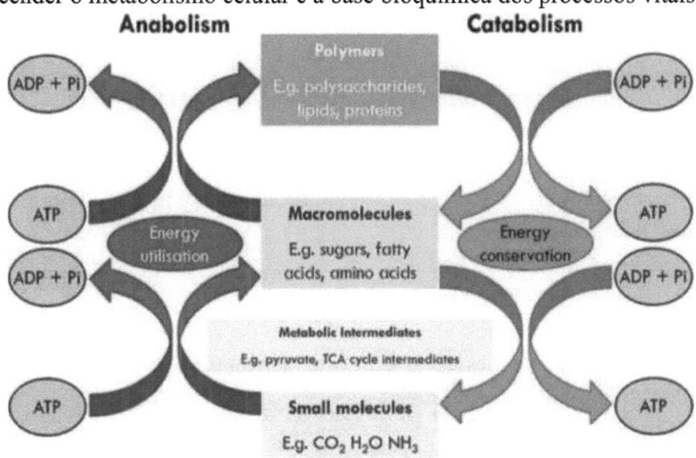

As vias anabólicas são processos metabólicos que envolvem a síntese de moléculas complexas a partir de moléculas mais simples, exigindo um aporte energético. Estas vias são essenciais para a construção de vários componentes celulares e para a manutenção das funções celulares. Eis algumas das principais vias anabólicas:

1. **Síntese de proteínas:**

o **Visão geral:** A síntese de proteínas envolve a produção de proteínas a partir de aminoácidos, dirigida pelo ARN mensageiro (ARNm) sintetizado durante a transcrição.

o **Etapas:** Inclui a tradução do ARNm nos ribossomas, onde os aminoácidos são ligados numa sequência específica ditada pela sequência do ARNm.

2. **Glicogénese:**

o **Visão geral:** A glicogénese é o processo de síntese de glicogénio, um polímero ramificado de glicose, para armazenamento de energia nas células do fígado e dos músculos.

o **Passos:** As moléculas de glicose são polimerizadas e ramificadas através de enzimas como a glicogénio sintase e a enzima de ramificação.

3. **Lipogénese:**

o **Visão geral:** A lipogénese é a síntese de ácidos gordos e triglicéridos a partir de acetil-CoA, que são armazenados como reservas de energia no tecido adiposo.

o **Etapas:** O acetil-CoA sofre reacções de carboxilação e redução no citoplasma para formar ácidos gordos, que depois se combinam com o glicerol para formar triglicéridos.

4. **Síntese de nucleótidos:**

o **Visão geral:** A síntese de nucleótidos envolve a produção de nucleótidos (blocos de construção do ADN e ARN) a partir de precursores mais simples.

o **Etapas:** As purinas (adenina e guanina) e as pirimidinas (citosina, timina e uracilo) são sintetizadas através de vias com várias etapas que utilizam aminoácidos, açúcares e outras moléculas.

5. **Síntese do colesterol:**

o **Visão geral:** A síntese do colesterol é a via através da qual as células produzem colesterol, um componente essencial das membranas celulares e um precursor das hormonas esteróides.

o **Passos:** O acetil-CoA é convertido em mevalonato através de uma série de reacções enzimáticas no retículo endoplasmático, levando à produção de colesterol.

6. **Síntese de aminoácidos:**

o **Visão geral:** A síntese de aminoácidos envolve a produção de aminoácidos a partir de intermediários de vias metabólicas centrais.

o **Etapas:** Existem diferentes vias para a síntese de aminoácidos não essenciais, enquanto os aminoácidos essenciais devem ser obtidos a partir da dieta ou sintetizados através de vias mais complexas.

7. **Crescimento e divisão celular:**

o As vias anabólicas são cruciais durante o crescimento e a divisão celular, fornecendo as moléculas e a energia necessárias para a formação de novas estruturas e organelos celulares.

8. **Utilização de energia:**

o Embora as vias anabólicas consumam ATP e equivalentes redutores (por exemplo, NADPH) para a biossíntese, também contribuem para o armazenamento e utilização de energia nas células.

Estas vias anabólicas são fortemente reguladas para manter a homeostase celular e responder a exigências fisiológicas como o crescimento, a reparação e a adaptação a condições ambientais variáveis. A compreensão destas vias é essencial para compreender o metabolismo celular e a base bioquímica dos processos vitais.

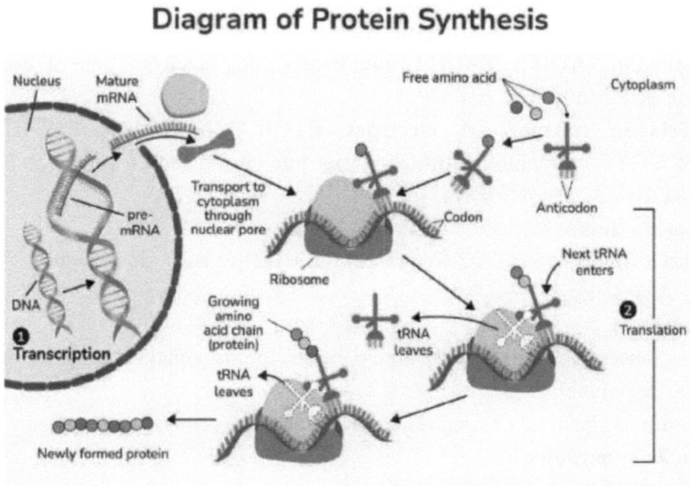

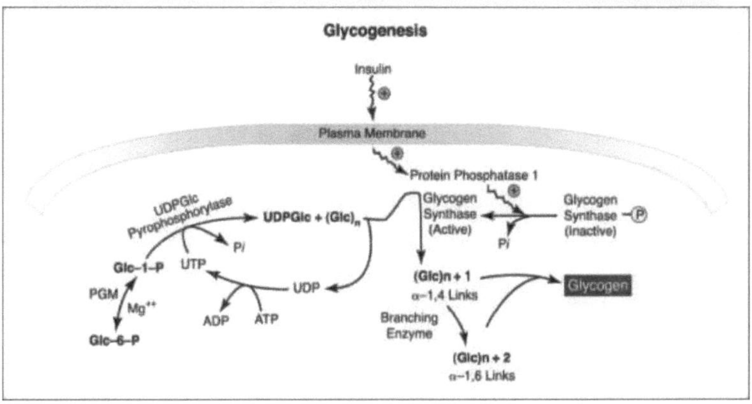

A respiração aeróbica e anaeróbica são dois processos metabólicos fundamentais através dos quais as células produzem energia a partir de nutrientes. Eis um resumo de cada um deles:

Respiração aeróbica

1. **Visão geral:**

o **Definição:** A respiração aeróbica é o processo pelo qual as células convertem a glicose e o oxigénio em dióxido de carbono, água e ATP (adenosina trifosfato), a moeda energética das células.

- **Ocorrência:** Ocorre na presença de oxigénio e é a principal via de produção de energia em organismos aeróbicos, incluindo a maioria das plantas e animais.
- **Eficiência:** A respiração aeróbica é altamente eficiente, produzindo um ganho líquido de 36-38 moléculas de ATP por molécula de glucose.
- **Fases:**
  - **Glicólise:** A glicose é decomposta em piruvato no citoplasma do , produzindo 2 moléculas de ATP e 2 moléculas de NADH.
  - **Ciclo do ácido cítrico (Ciclo de Krebs):** O piruvato é oxidado para produzir CO_2, gerando NADH e $FADH_2$, que transportam electrões para a cadeia de transporte de electrões.
  - **Cadeia de transporte de electrões (ETC):** O NADH e o $FADH_2$ doam electrões à CTE na membrana mitocondrial interna, levando à produção de ATP através da fosforilação oxidativa.

2. **Equação química:**
   - $C_6H_{12}O_6$ (glucose) + 6 O_2 (oxigénio) ^ 6 CO_2 (dióxido de carbono) + 6 H_2O (água) + ATP (energia)
3. **Exemplos:**
   - Células musculares humanas durante o exercício prolongado quando há oxigénio suficiente disponível.
   - A maioria das bactérias e fungos aeróbicos em condições ricas em oxigénio.

Respiração anaeróbica

1. **Visão geral:**
   - **Definição:** A respiração anaeróbia é o processo pelo qual as células geram energia a partir da glicose sem oxigénio, utilizando aceitadores de electrões alternativos.
   - **Ocorrência:** Ocorre em ambientes com pouca ou nenhuma disponibilidade de oxigénio, como sedimentos de águas profundas, bactérias anaeróbias e células musculares humanas durante exercício intenso.
   - **Eficiência:** A respiração anaeróbia é menos eficiente do que a respiração aeróbia, produzindo apenas 2 moléculas de ATP por molécula de glucose nas bactérias e 2-3 ATP nas células humanas.
2. **Tipos de respiração anaeróbia:**
   - **Fermentação do ácido lático:** O piruvato é convertido em ácido lático, regenerando NAD+ para que a glicólise continue. Este processo ocorre nas células musculares humanas durante uma atividade extenuante.
   - **Fermentação alcoólica:** O piruvato é convertido em etanol e CO_2, utilizado por leveduras e algumas células vegetais em condições anaeróbicas.
3. **Equações químicas:**
   - **Fermentação de ácido lático:**
     - $C_6H_{12}O_6$ (glucose) ^ 2 $C_3H_6O_3$ (ácido lático) + 2 ATP
   - **Fermentação alcoólica:**
     - $C_6H_{12}O_6$ (glucose) ^ 2 C_2H_5OH (etanol) + 2 CO_2 + 2 ATP

4. **Exemplos:**

- o Levedura durante o fabrico do pão, em que o $CO2$ produzido provoca o crescimento da massa.
- o Bactérias anaeróbias em ambientes pobres em oxigénio, como o intestino.

Comparação

- **Necessidade de oxigénio:**

o A respiração aeróbica requer oxigénio como acetor final de electrões.

o A respiração anaeróbica utiliza aceitadores de electrões alternativos na ausência de oxigénio.

- **Rendimento energético:**

o A respiração aeróbica produz mais ATP (36-38 ATP por glucose) do que a respiração anaeróbica (2 ATP nas bactérias, 2-3 ATP nas células humanas).

- **Subprodutos:**

o A respiração aeróbica produz $CO2$ e $H2O$ como subprodutos.

o A respiração anaeróbia produz ácido lático ou etanol e $CO2$ como subprodutos.

A compreensão das diferenças entre respiração aeróbica e anaeróbica ajuda a explicar como os organismos geram energia em diferentes condições ambientais e necessidades metabólicas.

Com certeza! Aqui está uma visão geral da fermentação, quimiolitotrofia e fototrofia:

Fermentação

1. **Definição:**

o A fermentação é um processo metabólico anaeróbico que converte os açúcares em ácidos, gases ou álcool na ausência de oxigénio.

o É uma forma de respiração anaeróbica que regenera o NAD+ a partir do NADH, permitindo que a glicólise continue a produzir ATP.

2. **Ocorrência:**

o Ocorre em microorganismos como leveduras e bactérias, bem como em algumas células humanas (por exemplo, células musculares durante o exercício intenso).

o A fermentação é utilizada em vários processos industriais, incluindo a produção de bebidas alcoólicas, pão e produtos lácteos.

3. **Exemplos:**

o **Fermentação de ácido lático:** Converte o piruvato em ácido lático, normalmente encontrado na produção de iogurte e nas células musculares humanas em condições anaeróbicas.

o **Fermentação alcoólica:** Converte o piruvato em etanol e dióxido de carbono, utilizado pela levedura na produção de cerveja, vinho e pão.

Quimiolitotrofia

1. **Definição:**

o A quimiolitotrofia é um processo metabólico em que os organismos (quimiolitotróficos) obtêm energia a partir da oxidação de compostos inorgânicos.

o Estes compostos servem como dadores de electrões na ausência de moléculas orgânicas como a glicose.

2. **Ocorrência:**

o Encontrado em certas bactérias e archaea que vivem em ambientes ricos em minerais e com falta de matéria orgânica, tais como fontes hidrotermais de águas profundas, fontes de enxofre e solo.

3. **Exemplos:**

o **Oxidação do hidrogénio:** Algumas bactérias utilizam o hidrogénio molecular (H2) como dador de electrões, oxidando-o para produzir energia.

o **Oxidação de enxofre:** Certas bactérias oxidam compostos de enxofre (por exemplo, sulfureto de hidrogénio, enxofre elementar) para ganhar energia, libertando ácido sulfúrico como subproduto.

Fototrofia

1. **Definição:**

o A fototrofia é um processo metabólico em que os organismos (fototróficos) obtêm energia da luz solar através da fotossíntese.

o Envolve a captação de energia luminosa e a sua conversão em energia química armazenada em ATP e poder redutor (por exemplo, NADPH).

2. **Ocorrência:**

o Encontrado em plantas, algas e bactérias fotossintéticas (por exemplo, cianobactérias), que contêm pigmentos especializados (por exemplo, clorofila) para absorção de luz.

3. **Tipos de fototrofia:**

o **Fotossíntese Oxigénica:** Envolve a oxidação da água, gerando oxigénio como subproduto, encontrado em plantas, algas e cianobactérias.

o **Fotossíntese anoxigénica:** Não produz oxigénio, utilizando dadores de electrões alternativos como o sulfureto de hidrogénio ou compostos orgânicos, encontrados em algumas bactérias e arqueas.

4. **Exemplos:**

o **Plantas e algas:** Utilizam a clorofila e outros pigmentos para captar a luz solar para a fotossíntese, convertendo CO2 e água em glucose e oxigénio.

o **Cianobactérias:** Realizam fotossíntese oxigenada semelhante à das plantas, contribuindo significativamente para a produção de oxigénio na atmosfera.

Comparação

- **Fonte de energia:**

o Fermentação: Compostos orgânicos (por exemplo, açúcares) como fontes de energia.

o Quimiolitotrofia: Compostos inorgânicos (e.g., hidrogénio, enxofre) como fontes de energia.

o Fototrofia: A luz solar é a fonte de energia, convertendo a energia luminosa em energia química.

- **Subprodutos:**

o Fermentação: Ácido lático, etanol ou outras moléculas orgânicas.

- Quimiolitotrofia: Subprodutos inorgânicos (por exemplo, ácido sulfúrico).
- Fototrofia: Oxigénio (na fotossíntese oxigenada) ou outros compostos de carbono reduzidos.

CAPÍTULO 5

Crescimento e reprodução microbiana

Fases de crescimento dos microrganismos

Os microrganismos, incluindo as bactérias, seguem fases distintas de crescimento quando cultivados num ambiente favorável. Estas fases são caracterizadas por alterações no tamanho da população e na atividade metabólica ao longo do tempo.

1. **Fase de atraso:**

o **Descrição:** Inicialmente, quando os microrganismos são introduzidos num novo ambiente ou meio, passam por um período de adaptação e preparação para o crescimento.

o **Actividades:** Durante esta fase, as células são metabolicamente activas mas não se dividem rapidamente. Podem sintetizar enzimas e proteínas necessárias para o crescimento no novo ambiente.

o **Duração:** A duração da fase lag varia consoante a espécie, as condições iniciais e a composição do meio de crescimento.

2. **Fase Logarítmica (Log) (Fase Exponencial):**

o **Descrição:** Na fase logarítmica, os microrganismos registam um crescimento rápido e exponencial.

o **Actividades:** As células dividem-se à sua taxa máxima em condições óptimas, resultando numa duplicação da população em cada geração.

o **Atividade Metabólica:** O metabolismo é altamente ativo, com os nutrientes a serem consumidos rapidamente e os resíduos a acumularem-se.

o **Condições:** O crescimento durante esta fase é tipicamente uniforme e previsível, desde que os nutrientes sejam abundantes e as condições ambientais permaneçam favoráveis.

3. **Fase estacionária:**

o **Descrição:** À medida que os nutrientes se esgotam e os resíduos se acumulam, a taxa de crescimento abranda, levando a um patamar no tamanho da população.

o **Actividades:** Durante a fase estacionária, a taxa de divisão celular é igual à taxa de morte celular, resultando num tamanho estável da população.

o **Alterações metabólicas:** O metabolismo passa para o modo de manutenção e sobrevivência. Algumas células podem entrar num estado de dormência ou desenvolver mecanismos de resistência para sobreviver a condições adversas.

o **Razões para a estacionariedade:** Os factores que contribuem para a fase estacionária incluem a limitação de nutrientes, a acumulação de subprodutos tóxicos e o esgotamento do espaço.

4. **Fase de morte:**

o **Descrição:** Nesta fase, as condições tornam-se cada vez mais desfavoráveis, levando a um declínio no tamanho da população de microorganismos.

o **Actividades:** As células sofrem morte celular ou lise devido à depleção prolongada de nutrientes, acumulação de metabolitos tóxicos ou outras tensões ambientais.

o **Paragem metabólica:** O metabolismo diminui e os componentes celulares podem degradar-se. Algumas células podem formar esporos ou persistir num estado dormente para sobreviver a condições adversas.

o **Duração:** A duração da fase de morte varia consoante a gravidade dos factores de stress ambiental e a capacidade de adaptação ou sobrevivência das células.

Condições de crescimento

Requisitos físicos e químicos para o crescimento microbiano

O crescimento microbiano depende de factores físicos e químicos específicos no seu ambiente. Aqui está uma visão geral dos principais requisitos para o crescimento microbiano:

Requisitos físicos:

1. **Temperatura:**

o Os microrganismos têm intervalos de temperatura específicos para o seu crescimento.

o **Psicrófilos:** Crescem melhor em temperaturas frias (0-20°C).

o **Mesófilos:** Crescimento ótimo a temperaturas moderadas (20-45°C); inclui a maioria dos agentes patogénicos humanos.

o **Termófilos:** Requerem temperaturas elevadas (45-80°C) para o seu crescimento, podendo ser encontrados em fontes termais e pilhas de composto.

o **Hipertermófilos:** Crescem a temperaturas extremamente elevadas (>80°C), frequentemente em fontes hidrotermais de águas profundas.

2. **pH (Acidez ou Alcalinidade):**

o o intervalo de pH varia consoante os microrganismos.

o **Acidófilos:** Preferem ambientes ácidos (pH < 5,5); encontram-se em solos ácidos e ambientes ácidos.

o **Neutrófilos:** Crescem melhor em pH neutro (pH 6,5-7,5); a maior parte das bactérias e dos agentes patogénicos humanos pertence a esta categoria.

o **Alcalifílicos:** Desenvolvem-se em condições alcalinas (pH > 8,5); encontram-se em solos alcalinos e lagos alcalinos.

3. **Pressão Osmótica (Salinidade):**

o Alguns microrganismos requerem concentrações específicas de sal para o seu crescimento.

o **Halófilos:** Requerem concentrações elevadas de sal (até 25% de NaCl); encontram-se em lagos salgados e ambientes salinos.

o **Osmotolerante:** Pode tolerar uma ampla gama de pressões osmóticas; comum em habitats com níveis de sal flutuantes, como o solo e a pele humana.

4. **Requisitos de oxigénio (O2):**

o O oxigénio é essencial para a respiração aeróbica nos organismos aeróbicos.

o **Aeróbios:** Necessitam de oxigénio para o seu crescimento e metabolismo.

o **Anaeróbios:** Crescem na ausência de oxigénio; alguns são mortos pelo oxigénio (anaeróbios obrigatórios), enquanto outros podem tolerar a sua presença (anaeróbios facultativos).

o **Microaerófilos:** Necessitam de níveis reduzidos de oxigénio (inferiores ao atmosférico) para crescer; encontram-se em ambientes com baixos níveis de oxigénio.

Requisitos químicos:

1. **Fonte de carbono:**

o Essencial para a síntese de moléculas orgânicas.

o **Autótrofos:** Utilizam o dióxido de carbono (CO_2) como única fonte de carbono; incluem plantas e certas bactérias.

o **Heterotróficos:** Requerem fontes de carbono orgânico (por exemplo, açúcares, proteínas) para crescer; a maioria dos microrganismos, incluindo os patogénicos, são heterótrofos.

2. **Fonte de azoto:**

o Necessário para a síntese de aminoácidos e nucleótidos.

o **Fixadores de azoto:** Convertem o azoto atmosférico (N_2) em amoníaco (NH_3); encontram-se no solo e nos nódulos das raízes das leguminosas.

o **Nitrificantes:** Oxidam o amoníaco (NH_3) em nitritos (NO_2^-) e nitratos (NO_3^-); importantes no ciclo do azoto.

o **Desnitrificantes:** Reduzem os nitratos (NO_3^-) a azoto gasoso (N_2); encontram-se em ambientes anaeróbios.

3. **Enxofre, fósforo e oligoelementos:**

o **Enxofre:** Necessário para a síntese de aminoácidos e coenzimas.

o **Fósforo:** Essencial para a síntese de ácidos nucleicos (ADN, ARN) e ATP.

o **Oligoelementos:** Incluem o ferro, o magnésio, o potássio e outros; servem de cofactores para as enzimas e são essenciais para os processos metabólicos.

4. **Água e factores de crescimento:**

o **Água:** Solvente essencial para as reacções metabólicas; os microrganismos necessitam de água para o crescimento e os processos celulares.

o **Factores de crescimento:** Compostos orgânicos (por exemplo, vitaminas, aminoácidos) que os microrganismos não conseguem sintetizar e que têm de obter do ambiente.

A compreensão destes requisitos ajuda a manipular as condições de crescimento microbiano em várias indústrias, tais como a produção de alimentos, a biotecnologia e a remediação ambiental, bem como a compreender a ecologia microbiana e a patogénese.

Estratégias Reprodutivas □ Fissão Binária:

- **Descrição:** A fissão binária é a forma mais comum de reprodução entre as bactérias e algumas archaea.
- **Processo:**

o A célula duplica o seu material genético (ADN).

o A célula alonga-se e divide-se em duas células filhas idênticas.

o Cada célula filha recebe uma cópia do material genético e de outros componentes celulares.

- **Caraterísticas:**

o Processo rápido em condições favoráveis, permitindo um crescimento exponencial.

o Gera descendentes geneticamente idênticos.

o Exemplos incluem Escherichia coli e Bacillus subtilis.

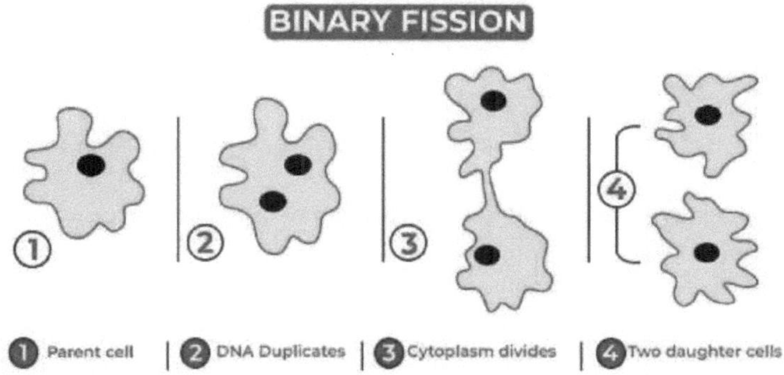

Em crescimento:

- **Descrição:** A brotação é uma forma de reprodução assexuada observada em certas bactérias, leveduras e outros organismos unicelulares.

- **Processo:**

o Forma-se um pequeno crescimento ou botão na célula-mãe.

o O material genético e os componentes celulares são replicados no interior do botão.

o O botão acaba por se separar da célula-mãe para formar uma nova célula-filha geneticamente idêntica.

- **Caraterísticas:**

o Permite a produção de várias células filhas a partir de uma única célula-mãe.

o Observado em leveduras (Saccharomyces cerevisiae) e em algumas bactérias em condições específicas.

Formação de esporos (endosporos):

- **Descrição:** A formação de esporos é uma estratégia de sobrevivência utilizada por certas bactérias para resistir a condições ambientais adversas.

- **Processo:**

o Bactérias como Bacillus e Clostridium formam endosporos quando confrontadas com condições desfavoráveis (por exemplo, esgotamento de nutrientes, temperaturas extremas).

o A célula bacteriana produz um esporo altamente resistente que contém uma cópia do seu ADN e componentes celulares essenciais.

o Os esporos podem permanecer dormentes durante longos períodos até que as condições melhorem, permitindo-lhes germinar e retomar o crescimento.

- **Caraterísticas:**

o Proporciona proteção contra tensões ambientais como o calor, a dessecação e os produtos químicos.

o Os esporos são estruturas altamente resistentes com paredes celulares espessas.

o Exemplos incluem o Bacillus anthracis (causa o antraz) e o Clostridium botulinum (produz a toxina botulínica).

- **Reprodução sexual (Conjugação):**

o **Descrição:** A reprodução sexual em micróbios envolve a troca de material genético entre duas células

de material genético entre duas células, aumentando a diversidade genética.

o **Processo:**

■ As bactérias trocam material genético através de um processo chamado conjugação.

■ Uma célula dadora (célula F+) transfere um plasmídeo contendo ADN (frequentemente genes de resistência a antibióticos) para uma célula recetora (célula F-) através de um tubo de conjugação (pilus).

■ A célula recetora integra o ADN transferido no seu genoma, adquirindo potencialmente novas caraterísticas.

o **Caraterísticas:**

■ Aumenta a diversidade genética através da transferência horizontal de genes.

■ Facilita a adaptação a ambientes em mudança e à resistência aos antibióticos.

■ Exemplos incluem Escherichia coli e outras bactérias capazes de conjugação.

CAPÍTULO 6

Ecologia microbiana

Interações microbianas

Simbiose

A simbiose refere-se a uma interação estreita e frequentemente de longa duração entre duas espécies biológicas diferentes, em que pelo menos um dos organismos beneficia da relação. As relações simbióticas podem variar nos seus resultados e no grau de benefício ou prejuízo para cada participante. Eis os principais tipos de relações simbióticas:

1. **Mutualismo:**
   - **Descrição:** Ambos os organismos beneficiam da interação.
   - **Exemplos:**
     - **Bactérias fixadoras de azoto e plantas leguminosas:** As bactérias fixam o azoto da atmosfera numa forma que as plantas podem utilizar, ao mesmo tempo que recebem nutrientes da planta.
     - **Microbiota intestinal nos seres humanos:** Os micróbios ajudam na digestão, produzem vitaminas e contribuem para a função imunitária, ao mesmo tempo que recebem um habitat e nutrientes do hospedeiro.
2. **Comensalismo:**
   - **Descrição:** Um organismo beneficia enquanto o outro não é nem ajudado nem prejudicado de forma significativa.
   - **Exemplos:**
     - **Plantas epífitas:** Plantas que crescem inofensivamente noutras plantas, utilizando-as como suporte físico e obtendo acesso à luz solar.
     - **Bactérias que vivem na pele humana:** Muitas bactérias vivem na pele sem causar danos ou beneficiar o hospedeiro.
3. **Parasitismo:**
   - **Descrição:** Um organismo (parasita) beneficia à custa do outro (hospedeiro), normalmente causando danos ao hospedeiro.
   - **Exemplos:**
     - **Parasita da malária (Plasmodium spp.) e seres humanos:** O parasita vive nos glóbulos vermelhos do sangue humano, causando doenças e beneficiando dos recursos do hospedeiro.
     - **Ténias nos intestinos:** As ténias absorvem os nutrientes do sistema digestivo do hospedeiro, podendo causar desnutrição ou outros problemas de saúde.

A compreensão das relações simbióticas é crucial em ecologia, microbiologia e biologia evolutiva, uma vez que influenciam as interações entre espécies, a estabilidade dos ecossistemas e a evolução dos organismos ao longo do tempo

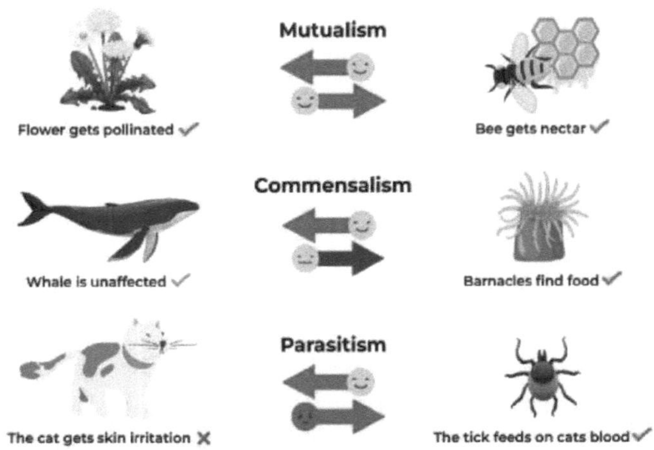

A competição em ecologia refere-se à interação entre organismos que disputam os mesmos recursos limitados no seu ambiente. Eis uma visão geral da competição em contextos biológicos:

Competição em Ecologia

1. **Concurso de recursos:**

o **Descrição:** Os organismos competem por recursos essenciais, tais como alimentos, água, luz, espaço e nutrientes.

o **Exemplos:**

▪ Plantas numa floresta que competem pela luz solar e pelos nutrientes do solo.

▪ Bactérias numa placa de Petri competindo por nutrientes e espaço limitados.

2. **Concurso de Interferências:**

o **Descrição:** Os organismos impedem ativamente o acesso de outros aos recursos através de interferência direta ou agressão.

o **Exemplos:**

▪ Comportamento territorial em animais que defendem locais de nidificação ou fontes de alimento.

▪ Bactérias que produzem toxinas para inibir o crescimento de micróbios vizinhos.

3. **Concorrência exploradora:**

o **Descrição:** Os organismos competem indiretamente ao consumirem recursos partilhados, reduzindo assim a disponibilidade para outros.

o **Exemplos:**

▪ Animais de pasto que consomem erva num campo, reduzindo a disponibilidade para outros pastores.

▪ Bactérias que consomem os nutrientes disponíveis num ambiente de solo, limitando os recursos para outras espécies microbianas.

Resultado do concurso

- **Exclusão competitiva:** Ao longo do tempo, a competição intensa pode levar à exclusão de espécies menos competitivas de um nicho específico, favorecendo o domínio de concorrentes mais adaptados ou eficientes.
- **Partição de recursos:** Por vezes, as espécies concorrentes coexistem utilizando os recursos em momentos, locais ou de formas diferentes (diferenciação de nichos), reduzindo a concorrência direta.

A predação é uma interação ecológica fundamental em que um organismo, o predador, caça, mata e consome outro organismo, a presa. Esta interação é fundamental para moldar a dinâmica das populações, a estrutura das comunidades e a estabilidade dos ecossistemas. Aqui está uma visão geral da predação:

Predação em Ecologia

1. **Dinâmica predador-presa:**

o **Descrição:** Os predadores caçam e consomem ativamente organismos-presa como fonte de alimento.

o **Exemplos:**

▪ Leões a caçar e a alimentarem-se de antílopes na savana.

▪ Lobos que se alimentam de veados em ecossistemas florestais.

▪ Aves de rapina (como os falcões) que capturam e se alimentam de aves mais pequenas ou roedores.

2. **Mecanismos de predação:**

o **Predação por emboscada:** Os predadores esperam que a presa se aproxime (por exemplo, aranhas que prendem insectos em teias).

o **Caça ativa:** Os predadores perseguem e capturam ativamente as presas (por exemplo, lobos que perseguem uma presa).

o **Parasitismo:** Alguns predadores põem ovos dentro ou sobre as suas presas, sendo que as larvas consomem as presas a partir do seu interior (por exemplo, vespas parasitas).

3. **Impacto nas populações de presas:**

o A predação pode regular as populações de presas, evitando a sobrepopulação e mantendo o equilíbrio do ecossistema.

o A pressão da predação pode levar a adaptações nas espécies de presas, como a camuflagem, comportamentos defensivos ou defesas químicas.

Importância ecológica

- **Interações Trofodinâmicas:** A predação liga diferentes níveis tróficos nas teias alimentares, influenciando o fluxo de energia e o ciclo de nutrientes.
- **Estrutura da comunidade:** A predação influencia a composição e a diversidade das espécies ao afetar as populações de presas e as interações competitivas.
- **Pressões evolutivas:** A predação impulsiona a evolução de adaptações tanto nos predadores como nas presas, como a velocidade, a camuflagem, as toxinas e os comportamentos defensivos.

A cooperação em biologia refere-se a interações entre indivíduos ou espécies em que ambas as partes beneficiam mutuamente, direta ou indiretamente. Este comportamento contrasta com a competição, em que as interações são tipicamente antagónicas. Aqui está uma visão geral da cooperação em contextos biológicos:

Tipos de cooperação

1. **Mutualismo:**

o **Descrição:** Ambas as espécies beneficiam da interação.

o **Exemplos:**

■ **Polinização:** As plantas fornecem néctar aos polinizadores (como as abelhas), que por sua vez transferem o pólen entre as flores, beneficiando ambos.

■ **Líquen:** Uma associação mutualista entre fungos e algas, em que o fungo fornece a estrutura e as algas fornecem o alimento através da fotossíntese.

2. **Comensalismo:**

o **Descrição:** Uma espécie beneficia enquanto a outra não é nem ajudada nem prejudicada significativamente.

o **Exemplos:**

■ **Peixes rémora e tubarões:** As rémoras agarram-se aos tubarões e alimentam-se de restos de comida deixados pelas presas dos tubarões, sem prejudicar o tubarão.

■ **Plantas epífitas:** Plantas que crescem em árvores sem retirar nutrientes da árvore, utilizando-a apenas como suporte.

3. **Altruísmo:**

o **Descrição:** Um indivíduo comporta-se de uma forma que beneficia os outros a um custo para si próprio.

o **Exemplos:**

■ **Chamadas de alarme em animais:** Os indivíduos avisam os outros da aproximação de predadores, aumentando as hipóteses gerais de sobrevivência do grupo.

■ **Insectos sociais (como as formigas ou as abelhas):** As operárias sacrificam o seu potencial reprodutivo para sustentar a colónia.

Mecanismos e benefícios

- **Altruísmo recíproco:** Cooperação em que os indivíduos trocam benefícios ao longo do tempo, confiando na expetativa de reciprocidade futura (por exemplo, grooming entre primatas).
- **Divisão do trabalho:** Comportamento cooperativo em que os indivíduos se especializam em diferentes tarefas para o benefício do grupo (por exemplo, grupos de caça em carnívoros).
- **Seleção de grupo:** Comportamento cooperativo que beneficia a sobrevivência e o sucesso reprodutivo do grupo, aumentando a aptidão evolutiva.

Implicações evolutivas

- A cooperação pode evoluir através da seleção natural se aumentar a sobrevivência e a reprodução dos indivíduos envolvidos.

- Os comportamentos cooperativos são frequentemente moldados pela seleção de parentesco (favorecimento de parentes) ou pelo altruísmo recíproco em indivíduos não aparentados.

Habitats microbianos Solo, água, ar, ambientes extremos e corpo humano.

Os habitats microbianos referem-se aos diversos ambientes onde os microrganismos vivem e se desenvolvem. Estes habitats variam muito em termos de caraterísticas físicas, químicas e biológicas, influenciando os tipos de micróbios presentes e as suas funções nos ecossistemas. Segue-se uma visão geral de alguns habitats microbianos fundamentais:

1. **Solo:**

o **Descrição:** O solo alberga uma vasta diversidade de microrganismos, incluindo bactérias, fungos, archaea e protistas.

o **Caraterísticas:** o pH, a humidade, o teor de matéria orgânica e a disponibilidade de nutrientes variam muito, influenciando a composição e a função da comunidade microbiana.

o **Funções:** Os micróbios do solo desempenham um papel crucial no ciclo de nutrientes, na decomposição da matéria orgânica e na promoção do crescimento das plantas.

2. **Água:**

o **Descrição:** Os ambientes aquáticos incluem massas de água doce (lagos, rios), habitats marinhos (oceanos, mares) e águas salobras (estuários).

o **Caraterísticas:** A salinidade, a temperatura, a profundidade e os níveis de nutrientes variam, moldando a diversidade microbiana e as actividades metabólicas.

o **Funções:** Os micróbios aquáticos são parte integrante do ciclo do carbono, da renovação dos nutrientes e das cadeias alimentares, influenciando a saúde do ecossistema.

3. **Habitats associados ao hospedeiro:**

o **Descrição:** Os micróbios habitam os corpos das plantas, dos animais e dos seres humanos como comensais, mutualistas ou patogénicos.

o **Caraterísticas:** Os microambientes nos hospedeiros oferecem condições específicas (por exemplo, pH, temperatura, níveis de oxigénio) que selecionam determinadas comunidades microbianas.

o **Funções:** Os micróbios associados ao hospedeiro contribuem para a digestão, a modulação do sistema imunitário, a defesa contra os agentes patogénicos e a saúde geral do hospedeiro.

4. **Ambientes extremos:**

o **Descrição:** Os extremófilos desenvolvem-se em ambientes considerados extremos pelos padrões típicos, tais como temperaturas elevadas, acidez, alcalinidade ou salinidade.

o **Caraterísticas:** Estes habitats incluem fontes termais, lagos ácidos, salinas, fontes hidrotermais de profundidade e regiões polares.

o **Funções:** Os extremófilos oferecem conhecimentos sobre a adaptação microbiana a condições extremas e têm potencial biotecnológico (por exemplo, enzimas para processos industriais).

5. **Ambientes construídos:**

o **Descrição:** As estruturas feitas pelo homem, como edifícios, hospitais e sistemas de distribuição de água, criam habitats microbianos únicos.

o **Caraterísticas:** A temperatura, a humidade, os materiais de superfície e as actividades humanas influenciam a diversidade microbiana e a dinâmica da comunidade.

o **Funções:** A compreensão dos microbiomas do ambiente construído é crucial para a qualidade do ar interior, a transmissão de doenças e a manutenção das infra-estruturas.

6. **Filosfera e rizosfera:**

o **Descrição:** As superfícies das plantas (filosfera) e as zonas das raízes (rizosfera) suportam diversas comunidades microbianas.

o **Caraterísticas:** Os micróbios interagem com os hospedeiros das plantas, afectando a absorção de nutrientes, a resistência às doenças e a saúde geral das plantas.

o **Funções:** Os micróbios associados às plantas contribuem para a promoção do crescimento das plantas, o biocontrolo de agentes patogénicos e a adaptação ao stress ambiental.

Os habitats microbianos são dinâmicos e estão interligados, influenciando os ciclos biogeoquímicos globais, a resiliência dos ecossistemas e a saúde humana. O estudo destes habitats fornece informações sobre a ecologia microbiana, a biodiversidade e as potenciais aplicações dos microrganismos em vários domínios, desde a agricultura à medicina e à gestão ambiental.

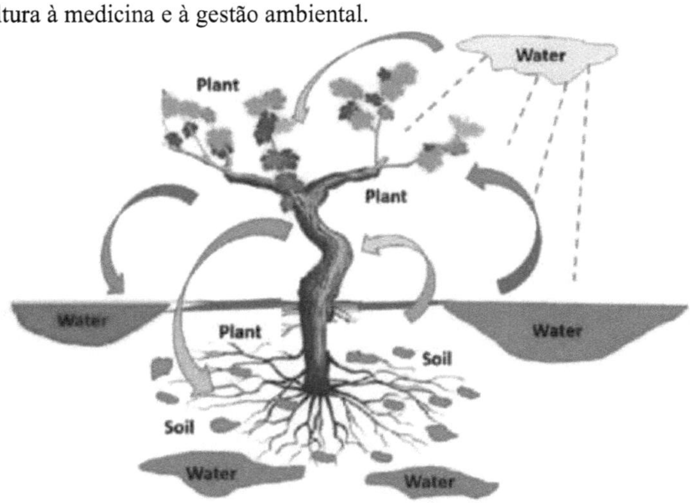

As comunidades microbianas englobam uma variedade de estruturas e interações que os microrganismos formam nos seus habitats. Eis uma panorâmica de algumas das principais comunidades microbianas:

1. **Biofilmes:**

o **Descrição:** Os biofilmes são comunidades estruturadas de microrganismos ligados a superfícies e embebidos numa matriz de substâncias poliméricas extracelulares (EPS).

o **Formação:** Os micróbios aderem às superfícies e agregam-se, segregando EPS que forma uma matriz protetora e adesiva.

o **Caraterísticas:** Os biofilmes protegem os micróbios das pressões ambientais (por exemplo, antibióticos, dessecação) e facilitam os comportamentos cooperativos.

o **Exemplos:** Placa dentária, bioincrustação em cascos de navios e infecções crónicas como as associadas a dispositivos médicos.

2. **Tapetes microbianos:**

o **Descrição:** Os tapetes microbianos são comunidades estratificadas de microrganismos, tipicamente encontradas em ambientes aquáticos como águas pouco profundas ou fontes termais.

o **Estrutura:** Os tapetes são constituídos por diversas espécies microbianas, incluindo cianobactérias, bactérias fotossintéticas e archaea, organizadas em camadas com base nas preferências metabólicas e na disponibilidade de luz.

o **Funções:** Os tapetes microbianos são produtores primários, fixando carbono através da fotossíntese e suportando teias alimentares complexas.

o **Exemplos:** Estromatólitos em ambientes marinhos e tapetes microbianos de fontes termais em zonas geotérmicas.

3. **Microbiomas:**

o **Descrição:** Os microbiomas referem-se aos genomas colectivos de microrganismos (bactérias, archaea, fungos, vírus) que habitam um ambiente ou hospedeiro específico.

o **Tipos:** Incluem diversos ecossistemas, como o microbioma intestinal, o microbioma da pele, o microbioma do solo e o microbioma aquático.

o **Funções:** Os microbiomas contribuem para a saúde do hospedeiro, o ciclo de nutrientes, a resistência às doenças e o funcionamento dos ecossistemas.

o **Áreas de investigação:** A compreensão dos microbiomas envolve o estudo da estrutura da comunidade, da diversidade, das interações e das suas respostas a alterações ou intervenções ambientais.

o **Aplicações:** A investigação sobre o microbioma está ao serviço de áreas como a saúde humana (probióticos, transplante de microbiota), a agricultura (biocontrolo, fertilidade do solo) e a conservação do ambiente.

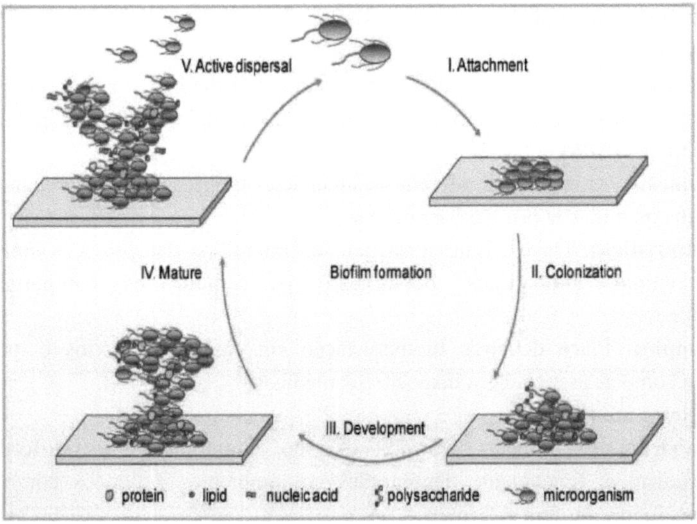
V. Active dispersal
I. Attachment
IV. Mature
Biofilm formation
II. Colonization
III. Development
protein
lipid
nucleic acid
polysaccharide
microorganism

CAPÍTULO 7

Microbiologia Patogénica

Mecanismos patogénicos

Os factores de virulência são componentes moleculares ou estratégias utilizadas pelos agentes patogénicos para aumentar a sua capacidade de causar doenças num organismo hospedeiro. Estes factores desempenham um papel crucial na patogenicidade e virulência dos microrganismos. Eis alguns dos principais tipos de factores de virulência:

1. **Moléculas de adesão:**

o **Função:** As adesinas ou moléculas de adesão permitem que os agentes patogénicos adiram às células ou tecidos do hospedeiro, facilitando a colonização e a evasão das defesas do hospedeiro.

o **Exemplos:** Fímbrias, pili e outras proteínas de superfície que se ligam a receptores específicos nas células hospedeiras.

2. **Invasinas:**

o **Função:** As invasinas promovem a invasão de células ou tecidos hospedeiros, rompendo as barreiras celulares e facilitando a entrada do agente patogénico nas células hospedeiras.

o **Exemplos:** Enzimas segregadas como a hialuronidase, que degrada o ácido hialurónico nos tecidos conjuntivos.

3. **Toxinas:**

o **Função:** As toxinas são moléculas que causam danos às células ou tecidos do hospedeiro, contribuindo diretamente para a gravidade dos sintomas da doença.

o **Tipos:** Endotoxinas (lipopolissacarídeos libertados pelas paredes celulares bacterianas) e exotoxinas (proteínas segregadas pelas bactérias).

o **Exemplos:** A toxina botulínica produzida pelo Clostridium botulinum e a toxina da cólera produzida pelo Vibrio cholerae.

4. **Evasão das defesas do hospedeiro:**

o **Função:** Os agentes patogénicos utilizam vários mecanismos para iludir ou subverter as respostas imunitárias do hospedeiro, permitindo-lhes persistir e causar doenças.

o **Exemplos:** Formação de cápsulas para resistir à fagocitose, variação antigénica para evitar o reconhecimento pelo sistema imunitário.

5. **Formação de biofilme:**

o **Função:** Alguns agentes patogénicos formam biofilmes, que os protegem das respostas imunitárias do hospedeiro e dos agentes antimicrobianos.

o **Exemplos:** Biofilmes de Staphylococcus aureus em implantes médicos, levando a infecções crónicas.

6. **Deteção de quorum:**

o **Função:** O quorum sensing permite que os agentes patogénicos coordenem a expressão genética com base na densidade celular, facilitando a produção de factores de virulência e a formação de biofilmes.

o **Exemplos:** A Pseudomonas aeruginosa utiliza a deteção de quorum para regular a virulência e a formação de biofilme.

A compreensão dos factores de virulência é crucial para o desenvolvimento de estratégias de controlo e tratamento de doenças infecciosas. A investigação centra-se na identificação destes factores, dos seus mecanismos de ação e das suas interações com as células hospedeiras, contribuindo para o desenvolvimento de vacinas, terapias antimicrobianas e diagnósticos.

A infeção microbiana envolve uma série de mecanismos complexos através dos quais os agentes patogénicos invadem os tecidos do hospedeiro, escapam às defesas imunitárias e causam doenças. Eis alguns dos principais mecanismos envolvidos na infeção microbiana:

1. **Aderência e colonização:**

o **Adesão:** Os agentes patogénicos aderem inicialmente às células ou tecidos do hospedeiro utilizando moléculas de superfície denominadas adesinas ou factores de adesão.

o **Colonização:** Uma adesão bem sucedida permite que os agentes patogénicos estabeleçam colónias e se multipliquem no local da infeção.

2. **Invasão:**

o **Estratégias de invasão:** Os agentes patogénicos utilizam vários mecanismos para penetrar nas barreiras do hospedeiro e invadir os tecidos.

o **Exemplos:** Produção de enzimas (p. ex., hialuronidase) para degradar as barreiras do hospedeiro, sistemas de secreção (p. ex., sistema de secreção de tipo III) para injetar proteínas nas células do hospedeiro e manipulação das vias de sinalização das células do hospedeiro para facilitar a entrada.

3. **Evasão das respostas imunitárias do hospedeiro:**

o **Evasão imunitária:** Os agentes patogénicos desenvolveram mecanismos para evitar ou subverter as defesas imunitárias do hospedeiro.

o **Estratégias:** Formação de cápsulas para resistir à fagocitose, variação antigénica para evitar o reconhecimento por anticorpos, secreção de factores imunossupressores e inibição da ativação do complemento.

4. **Produção de Toxinas:**

o **Toxinas:** Os agentes patogénicos produzem toxinas que danificam as células hospedeiras, perturbam as funções celulares normais e contribuem para a gravidade da doença.

o **Tipos:** Endotoxinas (lipopolissacáridos em bactérias Gram-negativas) e exotoxinas (proteínas segregadas pelas bactérias).

5. **Formação de biofilme:**

o **Biofilme:** Alguns agentes patogénicos formam biofilmes nos tecidos do hospedeiro ou em dispositivos médicos, proporcionando proteção contra as respostas imunitárias do hospedeiro e os agentes antimicrobianos.

o **Consequências:** Os biofilmes podem levar a infecções crónicas que são difíceis de tratar e erradicar.

6. **Deteção de quorum:**

o **Comunicação:** Os agentes patogénicos utilizam o quorum sensing para regular a expressão genética com base na densidade celular, coordenando a produção de factores de virulência e a formação de biofilmes.

o **Impacto:** A deteção de quorum contribui para a patogenicidade e a persistência das infecções.

7. **Danos ao hospedeiro e manifestação da doença:**

o **Patologia:** A infeção microbiana resulta em danos nos tecidos, inflamação e no aparecimento de sintomas de doença.

o **Exemplos:** Lise celular devido à produção de toxinas, danos nos tecidos mediados pelo sistema imunitário e perturbação dos processos fisiológicos do hospedeiro.

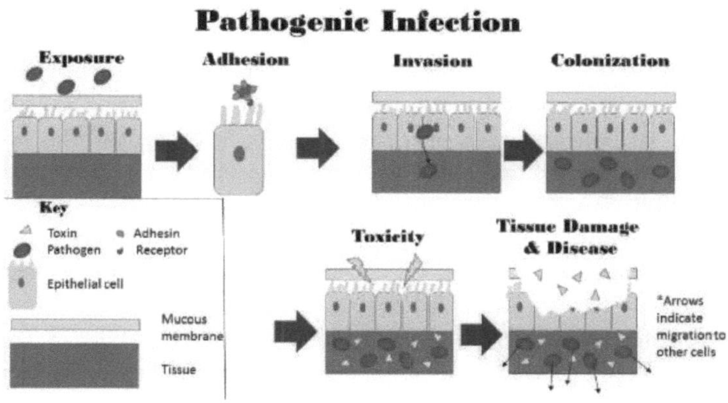

A resposta imunitária às infecções é uma série complexa e coordenada de eventos que envolvem vários componentes do sistema imunitário. Aqui está uma visão geral de como o sistema imunitário responde a infecções microbianas:

1. **Reconhecimento de agentes patogénicos**

- Resposta imune inata:

o **Reconhecimento:** Os agentes patogénicos são reconhecidos por receptores de reconhecimento de padrões (PRRs) em células imunitárias, tais como macrófagos, células dendríticas e neutrófilos.

o **Padrões moleculares associados aos agentes patogénicos (PAMPs):** Os PAMPs, como os componentes da parede celular bacteriana ou os ácidos nucleicos virais, são detectados pelos PRRs, desencadeando respostas imunitárias.

2. **Ativação de células imunitárias**

- Fagocitose e ativação:

o **Fagócitos:** Os macrófagos e os neutrófilos engolfam os agentes patogénicos através da fagocitose após o seu reconhecimento.

o **Ativação:** A fagocitose desencadeia a libertação de citocinas e quimiocinas, que recrutam mais células imunitárias para o local da infeção.

3. **Resposta inflamatória**

- **Libertação de citocinas:**

o **Citocinas pró-inflamatórias:** TNF-alfa, IL-1, IL-6 e outras são libertadas para amplificar a resposta imunitária e induzir a inflamação.

o **Quimiocinas:** Estas moléculas atraem as células imunitárias para o local da infeção para ajudar na eliminação do agente patogénico.

4. **Resposta imunitária adaptativa**

- **Apresentação de antigénios:**

o **Células dendríticas:** Apresentam antigénios derivados de agentes patogénicos às células T nos órgãos linfóides, iniciando a resposta imunitária adaptativa.

o **Ativação das células T:** A apresentação de antigénios ativa as células T, levando à diferenciação em células T efectoras (células T auxiliares CD4+ e células T citotóxicas CD8+).

- **Resposta Humoral:**

o **Células B:** Activadas pelas células T helper, as células B diferenciam-se em células plasmáticas que produzem anticorpos específicos para o agente patogénico.

o **Produção de anticorpos:** Os anticorpos ligam-se aos antigénios dos agentes patogénicos, marcando-os para serem destruídos pelos fagócitos ou pelas proteínas do complemento.

- **Resposta celular:**

o **Células T citotóxicas:** Reconhecem e matam as células hospedeiras infectadas que apresentam antigénios do agente patogénico na sua superfície.

o **Resposta de memória:** Após a resolução da infeção, as células T e B de memória persistem para fornecer respostas imunitárias rápidas e melhoradas aquando da reexposição ao mesmo agente patogénico.

5. **Resolução da infeção**

- **Mecanismos de regulação:**

o **Células T reguladoras:** Suprimem respostas imunitárias excessivas para evitar danos nos tecidos e manter a homeostase imunitária.

o **Fase de resolução:** A inflamação resolve-se à medida que os agentes patogénicos são eliminados e se iniciam os processos de reparação dos tecidos.

6. **Imunidade a longo prazo**

- **Memória imunitária:**

o **Células de memória:** As células B e T de memória persistente fornecem imunidade a longo prazo contra agentes patogénicos específicos, levando a respostas mais rápidas e eficazes em encontros subsequentes.

7. **Respostas imunitárias desreguladas**

- **Patologia imunitária:** O desequilíbrio ou a desregulação das respostas imunitárias pode conduzir a doenças imunomediadas, inflamação crónica ou doenças auto-imunes.

Compreender a resposta imunitária às infecções é crucial para o desenvolvimento de vacinas, imunoterapias e tratamentos para as doenças infecciosas. A investigação continua a desvendar os meandros das interações entre o agente patogénico e o hospedeiro e a dinâmica do sistema imunitário para melhorar as estratégias de combate eficaz às infecções.

Epidemiologia e controlo

Transmissão de doenças

Modos de transmissão:

1. **Contacto direto:**
   - **Pessoa a pessoa:** Contacto físico entre indivíduos infectados e não infectados.
     - Exemplo: Tocar, beijar, contacto sexual.
   - **Propagação por gotículas:** Transmissão através de gotículas respiratórias.
     - Exemplo: Tosse, espirros.
2. **Contacto indireto:**
   - **Transmissão por via aérea:** Agentes infecciosos suspensos no ar e inalados.
     - Exemplo: Tuberculose, sarampo.
   - **Transmissão através de veículos:** Objectos ou substâncias contaminadas.
     - Exemplo: Alimentos, água, sangue, fómites.
   - **Transmissão por vectores:** Transmissão através de insectos ou animais.
     - Exemplo: Mosquitos (malária, dengue), carraças (doença de Lyme).

Factores que influenciam a transmissão:

- **Caraterísticas do agente patogénico:** Dose infecciosa, virulência, sobrevivência fora do hospedeiro.
- **Factores do hospedeiro:** Imunidade, estado de saúde, idade.
- **Factores ambientais:** Saneamento, densidade populacional, clima.

Investigação de surtos

Etapas da investigação de surtos:

1. **Estabelecer a existência de um surto:**
   - Os casos confirmados excedem o número esperado numa determinada área e período de tempo.
2. **Verificar o diagnóstico:**
   - Assegurar que os casos são corretamente diagnosticados através de resultados clínicos e laboratoriais.
3. **Definir e identificar casos:**
   - Desenvolver uma definição de caso (critérios de diagnóstico).
   - Realizar uma vigilância ativa para encontrar casos adicionais.
4. **Descrever e orientar os dados em termos de tempo, lugar e pessoa:**
   - Criar uma curva epidémica para visualizar o surto ao longo do tempo.
   - Mapear casos para identificar padrões geográficos.
   - Analisar os dados demográficos para identificar as populações afectadas.
5. **Desenvolver hipóteses:**
   - Com base nos dados, propor potenciais fontes e modos de transmissão.

6. **Avaliar hipóteses:**
   - Realizar estudos analíticos (estudos de coorte ou de caso-controlo) para testar hipóteses.
7. **Implementar medidas de controlo e prevenção:**
   - Com base nas conclusões, aplicar medidas para controlar o surto e prevenir novos casos.
8. **Comunicar os resultados:**
   - Partilhar os resultados com as partes interessadas, as autoridades de saúde pública e o público.
   - Continuar a acompanhar a situação para garantir que o surto está sob controlo.

Medidas de controlo da infeção

Medidas gerais:

1. **Higiene das mãos:**
   - Lavagem regular das mãos com água e sabão ou utilização de desinfectantes para as mãos à base de álcool.
2. **Equipamento de proteção individual (EPI):**
   - Utilização de luvas, máscaras, batas e proteção ocular para evitar a exposição.
3. **Limpeza e desinfeção do ambiente:**
   - Limpeza e desinfeção regulares das superfícies e do equipamento.
4. **Isolamento e quarentena:**
   - Isolamento dos indivíduos infectados e colocação em quarentena dos indivíduos expostos para evitar a propagação.
5. **Vacinação:**
   - Imunização para proteção contra doenças infecciosas específicas.
6. **Gestão de antimicrobianos:**
   - Utilização adequada de antibióticos para prevenir a resistência.

Medidas específicas para os estabelecimentos de cuidados de saúde:

1. **Precauções normais:**
   - Medidas básicas de prevenção de infecções aplicadas a todos os doentes.
2. **Precauções baseadas na transmissão:**
   - Precauções adicionais para doentes com infecções conhecidas ou suspeitas (precauções de contacto, de gotículas e de transmissão aérea).
3. **Rastreio e vigilância:**
   - Monitorização de infecções e agentes patogénicos associados aos cuidados de saúde.
4. **Educação e formação:**
   - Formação regular dos profissionais de saúde sobre práticas de controlo de infecções.
5. **Controlos de engenharia:**
   - Barreiras físicas e sistemas de ventilação para reduzir a transmissão de agentes patogénicos.

6. **Programas de gestão de antibióticos:**

o Programas para promover a utilização adequada de antibióticos para reduzir a resistência.

CAPÍTULO 8

Imunologia e mecanismos de defesa microbiana

Imunidade inata e adaptativa

A imunidade inata, também conhecida como imunidade natural ou nativa, funciona como a linha inicial de defesa do organismo contra os micróbios. Inclui mecanismos de defesa celulares e bioquímicos que estão prontos a responder rapidamente às infecções, mesmo antes de estas ocorrerem. Os mecanismos da imunidade inata são adaptados para reconhecer estruturas comuns a grupos de micróbios relacionados, mas podem não diferenciar entre variações finas entre micróbios.

Os principais componentes da imunidade inata incluem:

1. **Barreiras físicas e químicas**: Tais como as camadas epiteliais e os produtos químicos antimicrobianos produzidos nas superfícies epiteliais.
2. **Células fagocíticas, células dendríticas e células Natural Killer (NK)**: Incluindo neutrófilos e macrófagos, bem como outras células linfóides inatas.
3. **Proteínas do sangue**: Incluindo membros do sistema do complemento e outros mediadores da inflamação.

A imunidade adaptativa, também designada por imunidade específica ou adquirida, reconhece e responde a uma vasta gama de substâncias microbianas e não microbianas. As principais caraterísticas da imunidade adaptativa são a sua especificidade, a capacidade de distinguir diferentes substâncias, e a memória, a capacidade de responder mais vigorosamente após exposição repetida ao mesmo micróbio. Os componentes únicos da imunidade adaptativa são os linfócitos e os seus produtos secretados, como os anticorpos. As substâncias estranhas que desencadeiam respostas imunitárias específicas ou que são reconhecidas por linfócitos ou anticorpos são conhecidas como antigénios.

Os principais componentes da imunidade adaptativa são:

1. **Linfócitos**: Estas são as células primárias envolvidas na imunidade adaptativa e incluem:
   - **Células B**: Responsáveis pela produção de anticorpos que neutralizam os agentes patogénicos.
   - **Células T**: Envolvidas na imunidade mediada por células. Incluem:
     - **Células T auxiliares (células T CD4+)**: Ajudam a ativar e a regular outras células imunitárias.
     - **Células T citotóxicas (células T CD8+)**: Destroem as células infectadas e as células tumorais.
     - **Células T reguladoras**: Ajudam a manter a tolerância imunitária e a prevenir doenças auto-imunes.
2. **Anticorpos (Imunoglobulinas)**: São proteínas produzidas por células B que reconhecem e se ligam especificamente a antigénios para neutralizar agentes patogénicos ou marcá-los para destruição por outras células imunitárias. As principais classes de anticorpos são:

- **IgG**: O anticorpo mais comum no sangue e no fluido extracelular.
- **IgA**: Encontra-se nas membranas mucosas, saliva, lágrimas e leite materno.
- **IgM**: O primeiro anticorpo produzido em resposta a uma infeção.
- **IgE**: Envolvida em reacções alérgicas e na defesa contra infecções parasitárias.
- **IgD**: Funciona principalmente como um recetor nas células B.

3. **Células apresentadoras de antigénios (APCs)**: Estas células processam e apresentam antigénios às células T, dando início à resposta imunitária adaptativa. As principais APCs incluem:

- **Células dendríticas**: Capturam antigénios e apresentam-nos às células T nos gânglios linfáticos.
- **Macrófagos**: Engolir os agentes patogénicos e apresentar os seus antigénios às células T.
- **Células B**: Podem também apresentar antigénios às células T auxiliares para receberem sinais de ativação.

4. **Moléculas do Complexo Principal de Histocompatibilidade (MHC)**: Estas são proteínas na superfície das células que apresentam fragmentos de antigénio às células T. Existem dois tipos principais:

- **MHC de classe I**: Presente em quase todas as células nucleadas e apresenta antigénios intracelulares às células T citotóxicas.
- **MHC Classe II**: Presente nas APCs e apresenta antigénios extracelulares às células T auxiliares.

5. **Citocinas**: São moléculas de sinalização produzidas por várias células, incluindo linfócitos, que regulam a intensidade e a duração da resposta imunitária. As citocinas importantes na imunidade adaptativa incluem as interleucinas, os interferões e os factores de necrose tumoral.

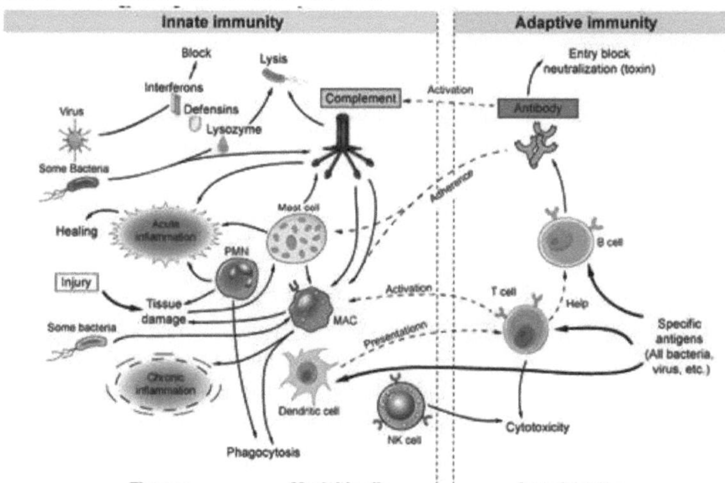

Figura 18. Mecanismo de ativação do sistema imunitário

A imunidade inata é activada quando as células utilizam receptores especializados, conhecidos como Receptores de Reconhecimento de Padrões (PRRs), para identificar vários tipos de microrganismos (bactérias, vírus, etc.) que se infiltraram no hospedeiro. A ligação a estes receptores desencadeia uma gama limitada de mecanismos básicos de eliminação microbiana, como a fagocitose de bactérias por macrófagos e neutrófilos ou a libertação de interferões antivirais. Muitos dos mecanismos envolvidos na imunidade inata são semelhantes aos responsáveis por reacções inespecíficas a danos nos tecidos, resultando frequentemente em inflamação. Isto realça que o termo "inespecífico", embora frequentemente utilizado como sinónimo de "inato", não é inteiramente exato, uma vez que a natureza da resposta imunitária inata depende do tipo de infeção.

A imunidade adaptativa, por outro lado, baseia-se nas propriedades únicas dos linfócitos (células T e B), que podem responder seletivamente a milhares de substâncias estranhas diferentes, ou "antigénios". Isto leva ao desenvolvimento de uma memória específica e de um padrão de resposta permanentemente alterado - uma adaptação ao ambiente do indivíduo. Embora os mecanismos adaptativos possam funcionar de forma independente contra determinados antigénios, a maioria dos seus efeitos é mediada por interações de anticorpos com proteínas do complemento e células fagocíticas do sistema imunitário inato, bem como por interações entre células T e macrófagos. Estas respostas adaptativas provocam frequentemente inflamação, que pode ser aguda ou crónica. Quando a inflamação se torna problemática, é designada por hipersensibilidade.

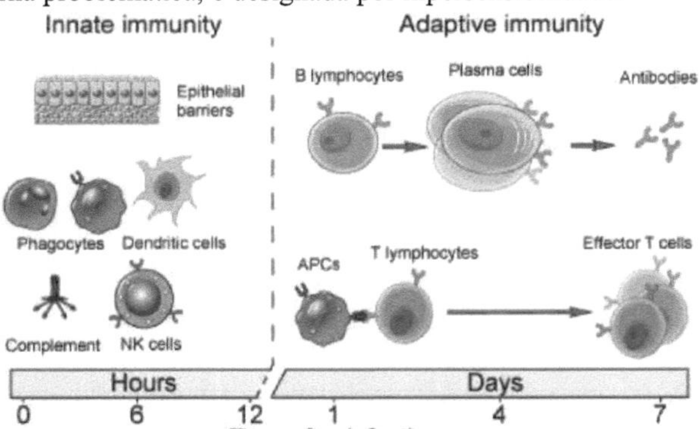

Figura 19: Linha cronológica da imunidade inata e adaptativa

A imunidade inata fornece a defesa inicial contra as infecções, enquanto as respostas imunitárias adaptativas se desenvolvem mais tarde, exigindo a ativação de linfócitos. O momento destas respostas pode variar consoante o tipo de infeção.

As respostas imunitárias inatas e adaptativas fazem parte de um sistema integrado de defesa do hospedeiro em que numerosas células e moléculas trabalham em conjunto. A imunidade inata oferece uma defesa inicial eficaz contra as infecções, mas muitos micróbios patogénicos evoluíram para lhe resistir. A eliminação destes agentes patogénicos requer os mecanismos mais poderosos da imunidade adaptativa. Existem muitas ligações entre os sistemas imunitários inato e adaptativo. A resposta imune inata aos micróbios estimula e molda as respostas imunes adaptativas. Por outro lado, as respostas imunitárias adaptativas reforçam os mecanismos de proteção da imunidade inata, tornando-os mais eficazes no combate aos micróbios patogénicos.

Glossário:

Interferões: Uma família de proteínas produzidas rapidamente por muitas células em resposta a infecções virais, bloqueando a replicação do vírus nas células infectadas e nas células vizinhas. Os interferões também desempenham um papel crucial na comunicação entre as células imunitárias.

Defensinas: Péptidos antimicrobianos que são particularmente importantes na proteção precoce dos pulmões e do trato digestivo contra as bactérias.

Lisozima (muramidase): Uma enzima segregada pelos macrófagos que ataca as paredes celulares de algumas bactérias.

Complemento: Um grupo de proteínas presentes no soro que, quando activadas, produzem efeitos inflamatórios generalizados e podem lisar bactérias. Algumas bactérias activam o complemento diretamente, enquanto outras requerem a ajuda de anticorpos.

Lise: O vazamento irreversível do conteúdo celular após danos na membrana, o que é fatal para as bactérias.

Mastócito: Uma célula tecidular grande que liberta mediadores inflamatórios quando é danificada ou influenciada por anticorpos, aumentando a permeabilidade vascular e permitindo que o complemento e as células imunitárias entrem nos tecidos a partir do sangue.

PMN (Leucócito polimorfonuclear): Célula sanguínea "necrófaga" de curta duração (que constitui 80% dos glóbulos brancos do sangue humano) cujos grânulos contêm enzimas bactericidas potentes. O nome deriva da forma peculiar dos seus núcleos.

MAC (Macrófago): Uma grande célula tecidular responsável pela remoção de tecidos danificados, células, bactérias, etc. Tanto os PMN como os macrófagos têm origem na medula óssea e são classificados como células mieloides.

DC (Células dendríticas): Células que apresentam antigénios às células T, iniciando todas as respostas imunitárias dependentes das células T. Não devem ser confundidas com as células dendríticas foliculares, que armazenam o antigénio para as células B.

Fagocitose ("ingestão de células"): A ingestão de uma partícula por uma célula. Os macrófagos e os PMN (anteriormente designados por "micrófagos") são as células fagocíticas mais importantes. A maior parte dos materiais estranhos que entram nos tecidos são eliminados por este mecanismo.

Citotoxicidade: A capacidade dos macrófagos para matar alguns alvos (possivelmente incluindo células tumorais) sem os fagocitar. Várias outras células também têm capacidades citotóxicas.

Célula NK (natural killer): Uma célula semelhante a um linfócito capaz de matar alguns alvos, nomeadamente células infectadas por vírus e células tumorais, sem a especificidade fina caraterística dos verdadeiros linfócitos.

Antigénio: Uma substância que estimula a produção de anticorpos ou qualquer tipo de resposta imunitária adaptativa. Normalmente, os antigénios são estranhos ("não próprios") e podem ser partículas (por exemplo, células, bactérias) ou grandes moléculas de proteínas ou polissacáridos. Em determinadas condições, pequenas moléculas e mesmo componentes "próprios" podem tornar-se antigénicos.

Específico, Especificidade: Termos utilizados para denotar a produção de uma resposta imunitária que é selectiva para o estímulo, tal como um linfócito que responde a, ou um anticorpo que se liga a, um determinado antigénio. Por exemplo, um anticorpo contra o vírus do sarampo não se liga ao vírus da papeira; é "específico" para o sarampo.

Linfócito: Uma pequena célula encontrada no sangue que recircula através dos tecidos e regressa através da linfa, monitorizando o corpo em busca de material não próprio. A sua capacidade de reconhecer antigénios individuais através de receptores de superfície especializados e de se dividir em numerosas células de especificidade idêntica e de longa duração torna-o ideal para respostas adaptativas. Existem dois tipos principais de linfócitos: Células T e B.

Linfócitos B: Células que segregam anticorpos, o componente humoral da imunidade adaptativa .

Anticorpo: Uma fração importante das proteínas do soro, frequentemente designada por imunoglobulina. Constituídos por um conjunto de proteínas semelhantes, cada uma capaz de se ligar especificamente a diferentes antigénios, os anticorpos formam um grande repertório de moléculas de ligação a antigénios. Podem neutralizar diretamente toxinas bacterianas e alguns vírus, e também atuar por opsonização e ativação do complemento nas superfícies dos agentes patogénicos invasores.

Linfócitos T ("derivados do timo"): Estas células estão divididas em subpopulações que "ajudam" os linfócitos B, matam as células infectadas por vírus, activam os macrófagos e provocam a inflamação.

Opsonização: Um processo pelo qual os anticorpos se ligam à superfície de bactérias, vírus ou outros parasitas, aumentando a sua aderência e fagocitose. Os anticorpos também activam o complemento na superfície dos agentes patogénicos invasores. Assim, a imunidade adaptativa aproveita a imunidade inata para destruir muitos microorganismos.

Complemento: Frequentemente ativado por anticorpos ligados a superfícies microbianas. A ligação do complemento ao antigénio também pode aumentar consideravelmente a ativação de um anticorpo forte e
resposta duradoura das células B - um exemplo da "interação inversa" entre os mecanismos imunitários adaptativos e inatos.

Apresentação de antigénios: Necessária para a maioria das respostas adaptativas, a apresentação por células dendríticas requer ativação por contacto com componentes microbianos (por exemplo, paredes celulares bacterianas), outro exemplo da "interação inversa" entre mecanismos imunitários adaptativos e inatos.

Ajuda das células T: Necessária para muitos ramos da imunidade adaptativa e inata. A ajuda das células T é essencial para a secreção da maioria dos anticorpos pelas células B, para a ativação dos macrófagos para matar os agentes patogénicos intracelulares e para uma resposta eficaz das células T citotóxicas.

Estratégias de evasão microbiana

Mecanismos utilizados pelos agentes patogénicos para escapar às defesas do hospedeiro

Os agentes patogénicos desenvolveram vários mecanismos para contornar as defesas do hospedeiro, permitindo-lhes estabelecer infecções e causar doenças. Eis algumas das principais estratégias utilizadas pelos agentes patogénicos:

Evasão de barreiras físicas e químicas

1. **Entrada através das superfícies mucosas**: Alguns agentes patogénicos exploram as superfícies mucosas (por exemplo, respiratórias, gastrointestinais) para entrar no corpo, evitando as barreiras cutâneas.
2. **Secreção de proteases**: Certos agentes patogénicos produzem enzimas que quebram as barreiras da mucosa, facilitando a entrada.

Evasão das respostas imunes inatas

1. **Inibição da fagocitose**:

o **Cápsulas**: Muitas bactérias produzem cápsulas que impedem a fagocitose, mascarando os antigénios de superfície.

o **Proteína A e Proteína M**: Algumas bactérias expressam proteínas que se ligam à região Fc dos anticorpos, impedindo a opsonização e a fagocitose.

2. **Sobrevivência no interior dos fagócitos**:

o **Inibição da fusão dos fagolisossomas**: Alguns agentes patogénicos, como o Mycobacterium tuberculosis, inibem a fusão dos fagossomas com os lisossomas, permitindo-lhes sobreviver nos macrófagos.

o **Fuga do fagossoma**: Os agentes patogénicos, como a Listeria monocytogenes, escapam do fagossoma para o citoplasma antes de se poderem fundir com os lisossomas.

3. **Resistência aos péptidos antimicrobianos**:

o **Modificação das moléculas de superfície**: Algumas bactérias modificam as suas moléculas de superfície para resistir a péptidos antimicrobianos como as defensinas.

4. **Inibição da ativação do complemento**:

o **Proteínas de superfície**: Alguns agentes patogénicos produzem proteínas de superfície que se ligam a proteínas reguladoras do complemento, inibindo a ativação do complemento.

o **Produção de complemento Inibidores do complemento**: Agentes patogénicos como

O Streptococcus pyogenes produz proteínas que degradam os componentes do complemento.

Evasão das respostas imunitárias adaptativas

1. **Variação antigénica**:

o **Alteração dos antigénios de superfície**: Os agentes patogénicos, como o VIH e o vírus da gripe, alteram frequentemente as suas proteínas de superfície para escapar ao reconhecimento imunitário.

o **Variação de fase**: Bactérias como a Neisseria gonorrhoeae podem ativar e desativar a expressão de proteínas de superfície.

2. **Latência**:

o **Estado latente**: Vírus como o vírus do herpes simplex (HSV) podem entrar num estado latente dentro das células hospedeiras, evitando a deteção imunitária.

3. **Supressão imunitária**:

o **Destruição das células imunitárias**: O VIH tem como alvo e destrói as células T CD4+, enfraquecendo a resposta imunitária.

o **Produção de moléculas imunossupressoras**: Alguns agentes patogénicos produzem análogos de citocinas ou outras moléculas que suprimem a resposta imunitária do hospedeiro.

4. **Inibição da apresentação de antigénios**:

o **Desregulação das moléculas MHC**: Vírus como o citomegalovírus (CMV) regulam negativamente a expressão de moléculas MHC de classe I, impedindo o reconhecimento por células T citotóxicas.

5. **Produção de moléculas chamariz**:

o **Mimetismo viral**: Alguns vírus produzem moléculas de engodo que imitam as citocinas ou os receptores do hospedeiro, interferindo com a sinalização imunitária.

Evasão de mecanismos imunitários específicos

1. **Evasão de anticorpos**:

o **Protease IgA**: Os agentes patogénicos como a Neisseria meningitidis produzem enzimas que degradam os anticorpos IgA.

o **Libertação de antigénios**: Alguns agentes patogénicos libertam os seus antigénios de superfície, desviando os anticorpos do próprio agente patogénico.

2. **Subversão da sinalização imunitária**:

o **Interferência na produção de citocinas**: Alguns agentes patogénicos produzem proteínas que interferem com a produção de citocinas ou com as vias de sinalização.

o **Modulação da apoptose**: Certos agentes patogénicos podem inibir ou induzir a apoptose nas células hospedeiras em seu benefício.

Estes mecanismos de evasão permitem que os agentes patogénicos sobrevivam, se reproduzam e causem doenças apesar das defesas imunitárias do hospedeiro. A compreensão destas estratégias é crucial para o desenvolvimento de tratamentos e vacinas eficazes.

Vacinas e imunoterapias: Desenvolvimento e mecanismos de ação Vacinas:

1. **Desenvolvimento**: As vacinas são desenvolvidas para treinar o sistema

imunitário a reconhecer e responder eficazmente a agentes patogénicos específicos ou aos seus antigénios. Este processo envolve:

o **Identificação de antigénios**: Os investigadores identificam os antigénios que provocam uma resposta imunitária contra o agente patogénico.

o **Formulação**: Os antigénios são combinados com adjuvantes (substâncias que aumentam a resposta imunitária) e outros componentes para criar uma vacina.

o **Testes**: As vacinas são submetidas a testes rigorosos em ensaios pré-clínicos e clínicos para garantir a segurança e a eficácia.

2. **Mecanismo de ação**: As vacinas funcionam imitando uma infeção natural sem causar doença. Estimulam o sistema imunitário a produzir:

o **Anticorpos**: Específicos para os antigénios do agente patogénico, que podem neutralizar o agente patogénico.

o **Células de memória**: Células T e células B que "recordam" o agente patogénico, permitindo uma resposta imunitária rápida e robusta em caso de exposição futura.

3. **Tipos de vacinas**:

o **Vacinas vivas atenuadas**: Formas enfraquecidas do agente patogénico que se replicam no organismo mas não causam a doença.

o **Vacinas Inactivadas**: Agentes patogénicos que foram mortos ou inactivados para não se poderem replicar.

o **Vacinas de subunidade, recombinantes e conjugadas**: Contêm partes antigénicas específicas do agente patogénico e não o organismo inteiro.

o **Vacinas de vectores virais**: Utilizam um vírus inofensivo para introduzir nas células os genes que codificam os antigénios do agente patogénico.

Imunoterapias:

1. **Desenvolvimento**: As imunoterapias utilizam o sistema imunitário do organismo para atingir e destruir agentes patogénicos ou células cancerígenas. Isto inclui:

o **Anticorpos monoclonais**: Anticorpos concebidos que visam antigénios específicos em agentes patogénicos ou células cancerígenas, bloqueando a sua função ou sinalizando as células imunitárias para atacar.

o **Inibidores do ponto de controlo**: Bloqueiam as proteínas que inibem as respostas imunitárias, aumentando a capacidade das células T para reconhecer e destruir as células cancerígenas.

o **Terapia celular CAR-T**: Modifica geneticamente as células T de um paciente para expressarem receptores de antigénios quiméricos (CARs) que reconhecem e matam as células cancerígenas.

o **Vacinas para a imunoterapia do cancro**: Estimulam o sistema imunitário a reconhecer e atacar as células cancerígenas que expressam antigénios específicos.

2. **Mecanismos de ação**: As imunoterapias melhoram ou redireccionam a resposta imunitária para combater a doença:

o **Reconhecimento imunitário melhorado**: Visam antigénios ou proteínas específicos em agentes patogénicos ou células cancerígenas que escapam à deteção imunitária.

- **Ativação de Efectores Imunitários**: Activam as células imunitárias, como as células T ou os macrófagos, para atacar e eliminar as células doentes.
- **Memória imunitária**: Desenvolver respostas de memória que proporcionem proteção a longo prazo contra infecções recorrentes ou recidivas de cancro.

3. **Aplicações**:

- **Doenças infecciosas**: As vacinas previnem as infecções induzindo imunidade contra agentes patogénicos como vírus e bactérias.
- **Cancro**: As imunoterapias são utilizadas para tratar certos tipos de cancro, aumentando a capacidade do sistema imunitário para reconhecer e destruir as células cancerígenas.
- **Doenças auto-imunes**: Modular as respostas imunitárias para reduzir a inflamação e os danos nos tecidos associados a doenças auto-imunes.

Tanto as vacinas como as imunoterapias desempenham papéis cruciais na prevenção e no tratamento de doenças infecciosas, cancro e outras doenças relacionadas com o sistema imunitário, aproveitando o poder do sistema imunitário para proteger e curar o organismo.

Biologia Microbiana: Perspectivas sobre a diversidade e a função

CAPÍTULO 9

Microbiologia ambiental

Funções microbianas nos ecossistemas

Decomposição, ciclo de nutrientes e produção primária

Decomposição:

A decomposição é o processo pelo qual a matéria orgânica, como os organismos mortos e os resíduos, é decomposta em substâncias mais simples por microorganismos como as bactérias e os fungos. Os pontos-chave incluem:

- **Atividade microbiana**: As bactérias e os fungos desempenham um papel crucial na decomposição ao segregarem enzimas que decompõem moléculas orgânicas complexas em formas mais simples.
- **Libertação de nutrientes**: A decomposição liberta nutrientes como o carbono, o azoto, o fósforo e o enxofre de volta para o ambiente, tornando-os disponíveis para serem absorvidos pelas plantas e outros organismos.
- **Fluxo de energia**: Os decompositores desempenham um papel vital no fluxo de energia nos ecossistemas, decompondo a matéria orgânica e libertando energia que pode ser utilizada por outros organismos.

Ciclo de nutrientes:

O ciclo de nutrientes refere-se ao movimento e troca de nutrientes dentro e entre ecossistemas. Envolve:

- **Processos biogeoquímicos**: Os nutrientes circulam pela atmosfera, hidrosfera, litosfera e biosfera através de processos como a fixação de azoto, nitrificação, desnitrificação e mineralização.
- **Nutrientes essenciais**: Os principais nutrientes ciclados incluem o carbono, o azoto, o fósforo, o enxofre e outros elementos essenciais à vida.
- **Papel dos organismos**: As plantas, os decompositores e outros organismos desempenham um papel fundamental no ciclo de nutrientes, absorvendo, transformando e libertando nutrientes através das suas actividades metabólicas.

Produção primária:

A produção primária é a síntese de compostos orgânicos a partir do dióxido de carbono atmosférico ou aquático através da fotossíntese ou quimiossíntese. Os principais aspectos incluem:

- **Fotossíntese**: As plantas, as algas e algumas bactérias utilizam a luz solar para converter o dióxido de carbono e a água em glicose e oxigénio durante a fotossíntese.
- **Quimiossíntese**: Certas bactérias e arqueias utilizam a energia química de compostos inorgânicos para produzir moléculas orgânicas sem luz solar.
- **Produtividade do ecossistema**: A produção primária constitui a base das cadeias alimentares e dos ecossistemas, apoiando o crescimento e a reprodução de organismos de níveis tróficos superiores.

Interações:

- **Ligações**: A decomposição liberta nutrientes que são essenciais para a produção primária , completando os ciclos de nutrientes.
- **Ciclos de retroação**: A disponibilidade de nutrientes afecta as taxas de produção primária, influenciando a produtividade global e a biodiversidade dos ecossistemas.
- **Factores Ambientais**: Factores como a temperatura, a humidade e a disponibilidade de nutrientes regulam as taxas de decomposição e a produção primária nos ecossistemas.

Bioremediação: Utilização de micróbios na limpeza de poluentes e resíduos.

A bioremediação é um processo que utiliza microorganismos para degradar ou desintoxicar poluentes e contaminantes no solo, na água e no ar. Aqui está uma visão geral de como funciona a bioremediação e as suas aplicações:

Mecanismos de bioremediação

A bioremediação utiliza vários mecanismos que envolvem microorganismos para limpar poluentes e contaminantes do ambiente. Eis os principais mecanismos:

1. **Biodegradação**:

o **Definição**: A biodegradação é a decomposição de poluentes orgânicos em compostos mais simples e menos nocivos por microorganismos como bactérias, fungos e algas.

o **Reacções enzimáticas**: Os micróbios produzem enzimas que catalisam a decomposição de moléculas orgânicas complexas (por exemplo, hidrocarbonetos, pesticidas) em compostos mais pequenos e mais fáceis de gerir.

o **Tipos de poluentes**: A biodegradação tem como alvo os poluentes orgânicos derivados do petróleo, produtos químicos industriais, pesticidas e outras fontes.

o **Impacto ambiental**: Este processo reduz a toxicidade dos poluentes e facilita a sua degradação natural no solo, na água e nos sedimentos.

2. **Biomineralização**:

o **Definição**: A biomineralização envolve certos microrganismos que convertem metais tóxicos em formas menos tóxicas ou compostos insolúveis que podem ser imobilizados ou removidos do ambiente.

o **Transformação de metais**: Os micróbios alteram a forma química dos metais através de reacções de oxidação, redução ou precipitação.

o **Exemplos**: Os micróbios podem converter metais tóxicos solúveis como o mercúrio, o crómio e o arsénico em formas menos móveis ou menos tóxicas que são menos prejudiciais para os ecossistemas.

o **Aplicações**: Utilizado para remediar solos contaminados, sedimentos e águas subterrâneas afectados por actividades industriais e mineiras.

3. **Bioacumulação**:

o **Definição**: A bioacumulação refere-se à acumulação de poluentes nas células ou tecidos dos microrganismos, concentrando-os a partir do ambiente circundante.

o **Mecanismo**: Os microrganismos absorvem os poluentes através das suas membranas celulares ou acumulam-nos intracelularmente.

- **Papel na bioremediação**: Uma vez acumulados, os poluentes podem ser removidos do ambiente através da colheita ou da promoção do crescimento microbiano e subsequente remoção.
- **Exemplos**: Utilizados na limpeza de metais pesados, radionuclídeos e poluentes orgânicos através do aumento da capacidade de absorção e armazenamento das populações microbianas.

Estes mecanismos de bioremediação tiram partido das capacidades metabólicas dos microrganismos para degradar, transformar ou sequestrar poluentes, atenuando assim a contaminação ambiental e promovendo a recuperação dos ecossistemas. Os avanços nas abordagens biotecnológicas continuam a aumentar a eficiência e a aplicabilidade das estratégias de bioremediação em diversos contextos ambientais.

Tipos e aplicações da bioremediação

Tipos de bioremediação:

1. **Bioremediação in situ**:

- **Definição**: Tratamento de sítios contaminados sem remover o material. Os micróbios são introduzidos diretamente na zona poluída para degradar ou imobilizar os poluentes.
- **Mecanismo**: Os microrganismos são aplicados diretamente no ambiente contaminado, onde decompõem os poluentes ou os transformam em formas menos nocivas.
- **Exemplos**: Utilizados para a recuperação de solos e águas subterrâneas, onde são introduzidos consórcios microbianos ou estirpes específicas para degradar contaminantes orgânicos ou imobilizar metais.

2. **Bioremediação ex situ**:

- **Definição**: Tratamento de materiais contaminados fora da sua localização original. O solo ou a água poluídos são escavados e tratados em ambientes controlados, como os bioreactores.
- **Mecanismo**: Os materiais contaminados são escavados e transportados para sistemas de bioreactores, onde a atividade microbiana é optimizada para a degradação dos poluentes.
- **Exemplos**: Aplicado a solos altamente contaminados, sedimentos ou águas residuais industriais que requerem condições controladas para uma biodegradação ou biomineralização efectiva.

Aplicações da bioremediação:

1. **Limpeza de derrames de petróleo**:

- **Descrição**: Os micróbios são utilizados para degradar os hidrocarbonetos presentes nos derrames de petróleo, facilitando a sua decomposição em ambientes marinhos e aquáticos.
- **Mecanismo**: As bactérias degradadoras de hidrocarbonetos metabolizam os componentes do petróleo, reduzindo o seu impacto ambiental ao longo do tempo.
- **Impacto**: Melhora os processos de recuperação natural e reduz os danos

ecológicos a longo prazo causados pelos derrames de petróleo.

2. **Contaminação de águas subterrâneas**:

o **Descrição**: A bioremediação trata as águas subterrâneas contaminadas com poluentes orgânicos, tais como compostos de petróleo ou solventes clorados.

o **Mecanismo**: As comunidades microbianas na subsuperfície degradam os contaminantes, reduzindo a sua concentração e toxicidade.

o **Impacto**: Restaura a qualidade das águas subterrâneas e evita a disseminação de contaminantes nos aquíferos e nas fontes de água potável.

3. **Resíduos industriais**:

o **Descrição**: Tratamento de águas residuais industriais contendo metais pesados, pesticidas ou solventes orgânicos através da degradação microbiana.

o **Mecanismo**: Os micróbios metabolizam os poluentes nas águas residuais, convertendo-os em formas menos tóxicas ou removendo-os da água.

o **Impacto**: Reduz a poluição ambiental causada por efluentes industriais e cumpre as normas regulamentares relativas à descarga de águas residuais.

4. **Aterros sanitários**:

o **Descrição**: A bioremediação acelera a decomposição de resíduos orgânicos em aterros sanitários para reduzir a produção de metano e a contaminação dos lixiviados.

o **Mecanismo**: Os processos microbianos anaeróbios e aeróbios decompõem a matéria orgânica, reduzindo as emissões de gases dos aterros e a toxicidade dos lixiviados.

o **Impacto**: Melhora a estabilidade do aterro, minimiza os impactos ambientais e facilita o encerramento e a reabilitação do aterro.

5. **Locais de exploração mineira**:

o **Descrição**: Remediação de solos contaminados com metais através de processos microbianos que promovem a imobilização ou remoção de metais.

o **Mecanismo**: Os micróbios interagem com os metais no solo, aumentando a sua precipitação, sorção ou transformação em formas menos móveis.

o **Impacto**: Atenua a contaminação do solo, restaura a saúde do ecossistema e reduz os riscos ambientais associados às actividades mineiras.

A bioremediação oferece soluções sustentáveis e económicas para a limpeza de contaminantes ambientais, aproveitando as capacidades naturais dos micróbios

comunidades para degradar, transformar ou sequestrar poluentes em diversos contextos ambientais.

Vantagens da bioremediação:

1. **Amigo do ambiente**:

o Baseia-se em processos naturais e actividades microbianas para degradar os poluentes, reduzindo a necessidade de produtos químicos agressivos e minimizando o impacto ambiental.

2. **Rentável**:

o Geralmente mais económicos do que os métodos tradicionais de limpeza, como a escavação e a incineração, particularmente para a contaminação em grande escala.

3. **Versatilidade**:

o Pode efetivamente visar uma vasta gama de poluentes, incluindo hidrocarbonetos, metais pesados, pesticidas e produtos químicos industriais, através de tratamentos microbianos adaptados.

4. **Redução da perturbação**:

o Minimiza a perturbação dos ecossistemas em comparação com os métodos de remoção física, preservando a estrutura do solo e minimizando a destruição do habitat.

Desafios e considerações:

1. **Atividade microbiana**:

o A eficácia depende da presença e da atividade de espécies microbianas adequadas em condições ambientais específicas (por exemplo, temperatura, pH, níveis de oxigénio).

2. **Monitorização e controlo**:

o Requer uma monitorização contínua das populações microbianas e dos factores ambientais para otimizar a eficiência da bioremediação e garantir uma remoção consistente dos poluentes.

3. **Sustentabilidade a longo prazo**:

o Garantir efeitos de remediação sustentados ao longo do tempo e evitar a recontaminação dos sítios tratados requer uma gestão e monitorização cuidadosas.

A biorremediação representa uma abordagem promissora para a limpeza do ambiente, aproveitando os processos biológicos naturais para degradar e desintoxicar os poluentes. Embora ofereça vantagens significativas em termos de sustentabilidade ambiental e de relação custo-eficácia, a sua aplicação efectiva requer uma consideração cuidadosa da dinâmica microbiana, das condições ambientais e das estratégias de gestão a longo prazo. A investigação em curso e os avanços tecnológicos continuam a expandir as capacidades e aplicações da bioremediação em diversos contextos ambientais em todo o mundo.

Biotecnologia microbiana: Aplicações na Agricultura

A biotecnologia microbiana desempenha um papel crucial na agricultura moderna, tirando partido das capacidades únicas dos microrganismos para melhorar a produção e a sustentabilidade das culturas. Eis as principais aplicações na agricultura:

1. **Biofertilizantes**:

o **Definição**: Os biofertilizantes são formulações que contêm microrganismos benéficos que aumentam a disponibilidade e a absorção de nutrientes pelas plantas.

o **Tipos**:

■ **Bactérias fixadoras de azoto**: Rhizobium, Azotobacter e Azospirillum convertem o azoto atmosférico em formas disponíveis para as plantas (amoníaco, nitratos).

- **Fungos micorrízicos**: Formam relações simbióticas com as raízes das plantas, aumentando a absorção de nutrientes (especialmente fósforo) e melhorando o crescimento das plantas.

o **Benefícios**: Reduzir a dependência de fertilizantes sintéticos, melhorar a fertilidade do solo e promover práticas agrícolas sustentáveis.

2. **Biopesticidas**:

o **Definição**: Os biopesticidas são agentes biológicos derivados de microrganismos, plantas ou substâncias naturais que controlam as pragas por meios biológicos.

o **Exemplo**: Bacillus thuringiensis (Bt), uma bactéria que produz toxinas insecticidas específicas para certas pragas, como lagartas e mosquitos.

o **Vantagens**: Ação específica no alvo, impacto ambiental reduzido e menor desenvolvimento de resistência aos pesticidas em comparação com os pesticidas químicos.

3. **Controlo biológico**:

o **Definição**: O controlo biológico utiliza micróbios benéficos para suprimir os agentes patogénicos e as doenças das plantas, promovendo a saúde das plantas e reduzindo a dependência de fungicidas químicos.

o **Exemplos**:

- **Trichoderma**: Fungos que antagonizam os agentes patogénicos das plantas, reforçando os mecanismos de defesa das plantas.
- **Pseudomonas e Bacillus spp**: Bactérias que produzem antibióticos ou enzimas líticas contra agentes patogénicos fúngicos e bacterianos.

o **Benefícios**: Aumenta a resistência das plantas a doenças, apoia a agricultura sustentável através da redução de insumos químicos e mantém a saúde do solo.

A biotecnologia microbiana na agricultura continua a avançar com inovações no desenvolvimento de estirpes microbianas, técnicas de aplicação e estratégias integradas de gestão de pragas. Estas aplicações contribuem para a produção sustentável de culturas, a saúde dos solos e a gestão ambiental nas práticas agrícolas modernas.

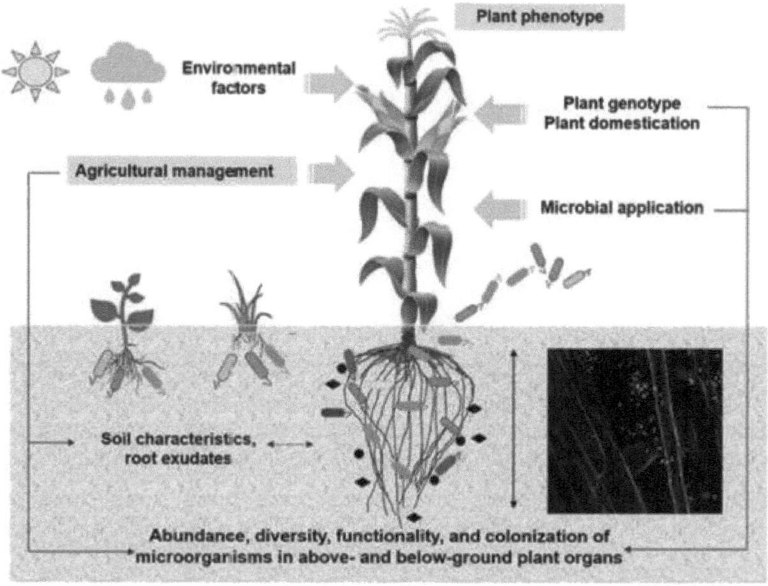

A biotecnologia microbiana desempenha um papel fundamental em vários processos industriais, utilizando microrganismos para produzir produtos valiosos e atenuar os impactos ambientais. Eis as principais aplicações na indústria:

1. **Fermentação industrial**:

- **Definição**: A fermentação industrial envolve a utilização de microrganismos, normalmente bactérias ou leveduras como a Saccharomyces cerevisiae, para produzir produtos bioquímicos através de processos de fermentação controlados.
- **Produtos**: Inclui etanol para a produção de biocombustíveis, enzimas (por exemplo, amilases, proteases) para as indústrias alimentar e farmacêutica, ácidos orgânicos (por exemplo, ácido cítrico) e vários compostos farmacêuticos.
- **Vantagens**: Conversão eficiente de matérias-primas em produtos valiosos, escalabilidade na produção e pegada ambiental reduzida em comparação com a síntese química.

2. **Bioremediação**:

- **Definição**: A bioremediação utiliza microrganismos para degradar ou transformar poluentes no solo, na água e no ar, facilitando a limpeza e a recuperação ambiental.
- **Aplicações**: Utilizado para remediar contaminantes, tais como hidrocarbonetos de petróleo, metais pesados, pesticidas e produtos químicos industriais.
- **Mecanismos**: Os micróbios decompõem os poluentes através de processos enzimáticos (biodegradação), convertem os metais tóxicos em formas menos nocivas (biomineralização) ou acumulam os poluentes para serem removidos (bioacumulação).
- **Benefícios**: Oferece soluções sustentáveis e económicas para a remediação

ambiental, minimizando a contaminação do solo e da água e promovendo a saúde do ecossistema.

3. **Produção de bioplásticos**:

o **Definição**: Os bioplásticos são polímeros biodegradáveis sintetizados por microrganismos a partir de recursos renováveis como alternativas aos plásticos convencionais derivados do petróleo.

o **Processo**: Os micróbios, como as bactérias e os fungos, produzem bioplásticos através da fermentação de açúcares ou de matérias-primas derivadas de plantas.

o **Vantagens**: A biodegradabilidade reduz a acumulação de resíduos de plástico no ambiente, diminui a dependência de combustíveis fósseis e apoia soluções de embalagem sustentáveis.

o **Aplicações**: Utilizado em embalagens, artigos descartáveis e películas agrícolas, contribuindo para a redução da poluição plástica e da pegada de carbono.

A biotecnologia microbiana na indústria continua a inovar com avanços na engenharia de bioprocessos, engenharia genética de micróbios e otimização de vias de produção. Estas aplicações demonstram a versatilidade e o potencial dos microrganismos na abordagem dos desafios industriais, promovendo simultaneamente a sustentabilidade e a gestão ambiental.

Biotecnologia microbiana: Aplicações na Gestão Ambiental

A biotecnologia microbiana oferece diversas aplicações na gestão ambiental, tirando partido das capacidades metabólicas dos microrganismos para remediar os poluentes, restaurar os ecossistemas e promover a sustentabilidade. Eis as principais aplicações:

1. **Bioremediação**:

o **Definição**: A bioremediação utiliza microorganismos para degradar ou desintoxicar poluentes no solo, na água e no ar, reduzindo a contaminação ambiental.

o **Tipos**:

■ **Biodegradação**: Os micróbios decompõem os poluentes orgânicos, como os hidrocarbonetos, os pesticidas e os produtos químicos industriais, em compostos menos nocivos.

■ **Biomineralização**: Certos micróbios transformam os metais tóxicos em formas menos solúveis ou menos tóxicas, reduzindo a sua mobilidade e biodisponibilidade.

■ **Bioaumentação**: Introdução de culturas microbianas especializadas para melhorar as capacidades de biodegradação em sítios contaminados.

o **Aplicações**: Utilizado na limpeza de derrames de petróleo, tratamento de águas residuais industriais, remediação de solos contaminados e recuperação de ecossistemas aquáticos poluídos.

2. **Gestão de resíduos**:

o **Tratamento de águas residuais**: As comunidades microbianas nas estações de tratamento de águas residuais biodegradam os poluentes orgânicos, o azoto e o fósforo, melhorando a qualidade da água.

- **Conversão de resíduos sólidos**: Os micróbios convertem os resíduos orgânicos (por exemplo, resíduos agrícolas, resíduos alimentares) em composto ou biogás através da digestão anaeróbia.
- **Gestão de aterros sanitários**: Os biorreactores aproveitam os processos microbianos para acelerar a decomposição dos resíduos orgânicos, reduzindo as emissões de metano e a contaminação dos lixiviados.

3. **Saúde e recuperação do solo**:

- **Bioestimulação**: Adição de nutrientes ou oxigénio ao solo para aumentar a atividade microbiana e acelerar os processos naturais de biodegradação.
- **Fitorremediação**: Utilização combinada de plantas e micróbios associados para remover, degradar ou imobilizar contaminantes do solo e das águas subterrâneas.
- **Controlo da erosão**: Os inoculantes microbianos promovem a agregação do solo e o crescimento das raízes, reduzindo a erosão do solo e melhorando a fertilidade em terras degradadas.

4. **Monitorização e controlo ambiental**:

- **Sensores microbianos**: Desenvolvimento de biossensores utilizando componentes microbianos para detetar poluentes, agentes patogénicos e alterações ambientais.
- **Agentes de Biocontrolo**: Utilização de micróbios benéficos para suprimir doenças das plantas, controlar espécies invasoras e restaurar os equilíbrios ecológicos naturais.
- **Mitigação das alterações climáticas**: Aproveitamento dos processos microbianos no sequestro de carbono, no ciclo de nutrientes e nas estratégias de atenuação dos gases com efeito de estufa.

A biotecnologia microbiana na gestão ambiental combina princípios ecológicos com ferramentas biotecnológicas para enfrentar eficazmente os desafios ambientais. Os avanços na ecologia microbiana, na engenharia genética e na otimização de bioprocessos continuam a expandir as aplicações e a eficácia das soluções microbianas na recuperação e manutenção da saúde ambiental.

CAPÍTULO 10

Microbiologia industrial

Tecnologia de Fermentação

Princípios e aplicações na produção de alimentos e bebidas

A tecnologia de fermentação aproveita as actividades microbianas para transformar matérias-primas numa vasta gama de produtos, principalmente na indústria alimentar e de bebidas. Aqui está uma visão geral dos seus princípios e aplicações:

Princípios da tecnologia de fermentação

1. **Metabolismo microbiano**:

o **Condições Anaeróbicas**: A fermentação ocorre na ausência de oxigénio, onde os microrganismos metabolizam os açúcares ou outros compostos orgânicos para produzir energia e produtos finais.

o **Vias de Fermentação**: Diferentes microrganismos utilizam vias de fermentação específicas (por exemplo, fermentação de ácido lático, fermentação alcoólica) dependendo do substrato e dos requisitos metabólicos.

2. **Papel dos microrganismos**:

o **Levedura**: A Saccharomyces cerevisiae é normalmente utilizada na fermentação alcoólica para converter os açúcares em etanol e dióxido de carbono.

o **Bactérias do ácido lático**: As espécies de Lactobacillus fermentam os açúcares para produzir ácido lático, essencial para os produtos lácteos, a massa fermentada e os vegetais fermentados.

o **Outros micróbios**: Várias bactérias e fungos contribuem para o desenvolvimento do sabor, preservação e textura dos alimentos fermentados.

3. **Condições controladas**:

o **Temperatura e pH**: As condições óptimas para o crescimento e atividade microbiana variam entre diferentes processos fermentativos e espécies microbianas.

o **Recipientes de Fermentação**: Os tanques, bioreactores ou recipientes tradicionais são utilizados para controlar os factores ambientais e facilitar a fermentação microbiana.

Aplicações na produção de alimentos e bebidas

2. **Bebidas alcoólicas**:

o **Cerveja**: A fermentação da cevada maltada por leveduras produz etanol, carbonatação e sabores.

o **Vinho**: A fermentação dos açúcares da uva pelas leveduras gera etanol e compostos aromáticos que influenciam as caraterísticas do vinho.

o **Bebidas espirituosas**: A destilação de mosto fermentado de cereais ou frutos concentra o teor alcoólico e os aromas.

3. **Produtos lácteos**:

o **Iogurte**: As bactérias do ácido lático fermentam os açúcares do leite (lactose) em ácido lático, criando um sabor picante e uma textura espessa.

o **Queijo**: As bactérias e os fungos fermentam as proteínas e as gorduras do leite, contribuindo para a textura, a complexidade do sabor e a conservação.

4. **Pão e produtos de pastelaria**:

o **Massa fermentada**: As bactérias do ácido lático e a levedura fermentam a farinha e a água, conferindo um sabor azedo e melhorando o crescimento e a textura da massa.

o **Massa fermentada**: A fermentação da levedura produz gás dióxido de carbono, fazendo com que a massa cresça e desenvolva textura.

5. **Legumes fermentados**:

o **Chucrute e Kimchi**: As bactérias do ácido lático fermentam a couve e outros legumes, melhorando o sabor e a textura e preservando os nutrientes.

6. **Alimentos especiais**:

o **Molho de Soja, Miso e Tempeh**: A fermentação fúngica dos grãos de soja produz sabores saborosos e aumenta o valor nutricional.

A tecnologia de fermentação não só transforma as matérias-primas em diversos produtos, como também melhora os sabores, as texturas e os perfis nutricionais. Os avanços na engenharia de bioprocessos e na biotecnologia microbiana continuam a inovar as técnicas de fermentação, optimizando a eficiência da produção e a qualidade dos produtos na indústria alimentar e de bebidas.

Aprofundar a produção de bioprodutos como antibióticos, enzimas, vitaminas e biocombustíveis envolve o aproveitamento de processos microbianos ou enzimáticos para várias aplicações. Eis um resumo de cada categoria:

Bioprodutos: Produção de Antibióticos, Enzimas, Vitaminas e Biocombustíveis Antibióticos

1. **Processo de produção**:

o Os antibióticos são metabolitos secundários produzidos por microrganismos como as bactérias e os fungos.

o Os processos de fermentação são utilizados quando as estirpes microbianas são cultivadas em condições controladas em bioreactores.

o Os métodos de extração e purificação isolam os antibióticos dos caldos de fermentação.

2. **Exemplos**:

o **Penicilina**: Produzida por fungos Penicillium, inibe a síntese da parede celular bacteriana.

o **Estreptomicina**: Produzida pela bactéria Streptomyces, tem como objetivo a síntese de proteínas nas bactérias.

Enzimas

1. **Processo de produção**:

o As enzimas são catalisadores biológicos que aceleram as reacções bioquímicas.

o Produzido através da fermentação de microrganismos ou da tecnologia de ADN recombinante em organismos hospedeiros como bactérias, leveduras ou fungos.

o As enzimas são colhidas, purificadas e utilizadas em vários processos industriais.

2. **Exemplos**:

o **Amilase**: Decompõe o amido em açúcares, utilizado no processamento de alimentos e na produção de etanol.

o **Protease**: Catalisa a hidrólise de proteínas, aplicada em formulações de detergentes e na indústria alimentar.

Vitaminas

1. **Processo de produção**:

o Certas vitaminas podem ser sintetizadas por microrganismos através da fermentação.

o Os meios ricos em nutrientes são optimizados para apoiar o crescimento microbiano e a produção de vitaminas.

o Os processos de purificação isolam e concentram as vitaminas para utilização na fortificação de alimentos ou em produtos farmacêuticos.

2. **Exemplos**:

o **Vitamina B12 (Cobalamina)**: Produzida por bactérias como a Propionibacterium e utilizada em suplementos alimentares.

o **Riboflavina (Vitamina B2)**: Sintetizada pelo fungo Ashbya gossypii, essencial na fortificação de alimentos.

Biocombustíveis

1. **Processo de produção**:

o Os biocombustíveis são combustíveis renováveis derivados da biomassa através de processos biológicos.

o Os microrganismos ou enzimas decompõem a biomassa (por exemplo, açúcares vegetais, celulose) em etanol ou biodiesel.

o A fermentação ou a hidrólise enzimática são seguidas de uma purificação para obter biocombustíveis adequados à combustão.

2. **Exemplos**:

o **Etanol**: Produzido pela fermentação por levedura de açúcares de culturas como o milho ou a cana-de-açúcar, utilizado como aditivo de combustível renovável.

o **Biodiesel**: Conversão enzimática de óleos vegetais ou gorduras animais em biodiesel, uma alternativa mais limpa ao gasóleo.

Os bioprodutos desempenham um papel crucial em várias indústrias, oferecendo alternativas sustentáveis à síntese química e aos produtos à base de combustíveis fósseis. Os avanços na biotecnologia continuam a melhorar os processos de produção, a eficiência e a gama de bioprodutos disponíveis para aplicações comerciais e industriais.

CAPÍTULO 11

Microbiologia alimentar

- **Conservação de alimentos**: Métodos que envolvem micróbios e agentes antimicrobianos.

Os métodos de conservação de alimentos que envolvem micróbios e agentes antimicrobianos utilizam várias técnicas para prolongar o prazo de validade, manter a qualidade e garantir a segurança dos alimentos. Eis alguns dos principais métodos:

Conservação de alimentos: Métodos que envolvem micróbios e agentes antimicrobianos 1. Fermentação

- **Fermentação de ácido lático**: Utiliza bactérias do ácido lático (por exemplo, espécies de Lactobacillus) para fermentar os açúcares nos alimentos, baixando o pH e criando condições desfavoráveis para os micróbios de deterioração.
  - **Exemplos**: Legumes fermentados (chucrute, kimchi), produtos lácteos (iogurte, queijo).
- **Fermentação alcoólica**: As leveduras (por exemplo, Saccharomyces cerevisiae) convertem os açúcares em etanol e dióxido de carbono, inibindo os organismos prejudiciais.
  - **Exemplos**: Vinho, cerveja, frutos fermentados.

2. Biopreservação

- **Metabolitos antimicrobianos**: Os metabolitos microbianos, como as bacteriocinas (por exemplo, a nisina), inibem o crescimento de bactérias patogénicas e de organismos de deterioração.
  - **Exemplos**: Nisina utilizada na conservação de queijo, pediocina em produtos à base de carne.
- **Exclusão competitiva**: Os micróbios benéficos competem com os patogénicos por nutrientes e espaço, reduzindo a deterioração microbiana.
  - **Exemplo**: Os probióticos nos alimentos fermentados (por exemplo, iogurte) competem com as bactérias nocivas.

3. Aditivos antimicrobianos

- **Antimicrobianos naturais**: Compostos derivados de plantas (por exemplo, óleos essenciais, compostos fenólicos) com propriedades antimicrobianas adicionados aos alimentos como conservantes.
  - **Exemplos**: Óleo de orégãos, extrato de canela na conservação da carne.
- **Conservantes químicos**: Compostos sintéticos (por exemplo, nitrito de sódio, ácido sórbico) adicionados aos alimentos para inibir o crescimento microbiano e prolongar o prazo de validade.
  - **Exemplos**: Benzoato de sódio em bebidas, dióxido de enxofre em frutos secos.

4. Embalagem com Atmosfera Controlada (CAP)

- **Embalagem com Atmosfera Modificada (MAP)**: Alteração da composição do gás (por exemplo, oxigénio, dióxido de carbono) à volta dos alimentos para inibir o crescimento microbiano e a atividade enzimática.

- o **Exemplos**: MAP para produtos frescos, embalagem a vácuo para carne.

5. **Processamento de alta pressão (HPP)**

- **Conservação não térmica**: Aplicação de alta pressão aos alimentos para inativar micróbios e enzimas de deterioração, preservando as qualidades sensoriais e nutricionais.
- o **Exemplos**: Sumos frescos, marisco.

6. **Radiação**

- **Radiação ionizante**: Utilização de raios gama ou feixes de electrões para esterilizar produtos alimentares danificando o ADN microbiano e inibindo o seu crescimento.
- o **Exemplos**: Esterilização de especiarias, irradiação de frutas e legumes.

7. **Métodos tradicionais**

- **Cura com sal**: Utilização de sal (por exemplo, salmoura) para desidratar e preservar os alimentos através da inibição do crescimento microbiano.
- o **Exemplos**: Peixe salgado, carnes curadas.
- **Fumar**: Expor os alimentos ao fumo da madeira queimada para lhes dar sabor e criar condições antimicrobianas que inibem a deterioração.
- o **Exemplos**: Carnes fumadas, peixe.

Alimentos fermentados

Os micróbios desempenham um papel crucial na produção de alimentos e bebidas fermentados tradicionais. São responsáveis pelo processo de fermentação, que envolve a decomposição de compostos orgânicos (como os açúcares) em compostos mais simples (como o álcool, ácidos e gases) através da atividade enzimática. Este processo não só preserva os alimentos, como também melhora o seu sabor, textura e valor nutricional. Eis alguns dos principais papéis dos micróbios na fermentação tradicional:

1. **Bactérias do ácido lático (LAB)**

- **Exemplos**: *Lactobacillus, Streptococcus, Leuconostoc, Pediococcus*
- **Aplicações**:
- o **Produtos lácteos**: Iogurte, queijo, kefir
- o **Fermentações de vegetais**: Chucrute, kimchi, pickles
- o **Fermentações de cereais**: Pão de massa fermentada, idli, dosa

As BAL convertem os açúcares em ácido lático, baixando o pH e criando um ambiente ácido que inibe o crescimento de organismos de deterioração e patogénicos.

2. **Leveduras**

- **Exemplos**: *Saccharomyces cerevisiae, Saccharomycespastorianus*
- **Aplicações**:
- o **Bebidas alcoólicas**: Cerveja, vinho, saqué
- o **Produtos de pastelaria**: Pão, pastelaria
- o **Outros alimentos fermentados**: Molho de soja, miso

As leveduras fermentam os açúcares em álcool e dióxido de carbono, contribuindo para o teor alcoólico e a carbonatação das bebidas e fazendo com que a massa cresça na cozedura.

3. **Moldes**

- **Exemplos**: *Aspergillus, Penicillium, Rhizopus*
- **Aplicações**:
  - **Alimentos fermentados asiáticos**: Molho de soja, miso, tempeh
  - **Queijos**: Queijo azul, Camembert, Brie

Os bolores decompõem compostos orgânicos complexos (como as proteínas e os amidos) em compostos mais simples, realçando os sabores e as texturas dos alimentos.

4. **Bactérias do ácido acético**

- **Exemplos**: *Acetobacter, Gluconobacter*
- **Aplicações**:
  - **Produção de vinagre**: Vinagre de vinho, vinagre de cidra de maçã, vinagre de arroz

As bactérias do ácido acético convertem o álcool em ácido acético, o que dá ao vinagre o seu sabor azedo caraterístico e as suas qualidades conservantes.

5. **Culturas mistas**

- **Exemplos**: Kombucha SCOBY (Cultura Simbiótica de Bactérias e Leveduras)
- **Aplicações**: Chá de Kombucha

As culturas mistas envolvem a ação simultânea de bactérias e leveduras, resultando na produção de uma variedade de produtos metabólicos que contribuem para os sabores únicos e os benefícios para a saúde do produto fermentado.

Benefícios da Fermentação Microbiana

- **Conservação**: A fermentação prolonga o prazo de validade dos alimentos ao criar um ambiente hostil aos organismos de deterioração.
- **Desenvolvimento do sabor**: As actividades metabólicas dos micróbios produzem uma variedade de sabores, aromas e texturas.
- **Melhoria nutricional**: A fermentação pode aumentar a biodisponibilidade dos nutrientes, sintetizar vitaminas e degradar factores anti-nutricionais.
- **Benefícios para a saúde**: As culturas probióticas presentes nos alimentos fermentados podem promover a saúde intestinal e reforçar o sistema imunitário.

Em geral, os micróbios são indispensáveis na produção de uma grande variedade de alimentos e bebidas fermentados tradicionais, contribuindo para as suas qualidades sensoriais, segurança e benefícios para a saúde.

Segurança alimentar e controlo de qualidade

A deteção e o controlo de agentes patogénicos de origem alimentar são cruciais para garantir a segurança alimentar e a saúde pública. Apresenta-se aqui uma panorâmica dos métodos e estratégias utilizados para a deteção e controlo destes agentes patogénicos:

Deteção de agentes patogénicos de origem alimentar

1. Métodos baseados na cultura

- **Técnicas microbiológicas tradicionais**: Envolve a cultura de amostras de alimentos em meios selectivos para isolar e identificar agentes patogénicos específicos.
  - **Exemplos**: *Salmonella, E. coli, Listeria monocytogenes.*
- **Vantagens**: Económica e fiável para organismos viáveis.
- **Desvantagens**: Demora (vários dias), mão de obra intensiva.

2. Métodos moleculares

- **Reação em cadeia da polimerase (PCR)**: Amplifica o ADN ou o ARN dos agentes patogénicos para uma deteção rápida.
  - **Exemplos**: Deteção de *E. coli* O157
Campylobacter, norovírus.

. **PCR em tempo real (qPCR)**: Permite a quantificação da carga patogénica em tempo real.

- **Vantagens**: Elevada sensibilidade e especificidade, resultados rápidos (horas).
- **Desvantagens**: Requer equipamento especializado e pessoal treinado.
- **Amplificação Isotérmica Mediada por Loop (LAMP)**: Uma alternativa mais simples e rápida à PCR.
  - **Exemplos**: Deteção de espécies de Vibrio, Listeria.
- **Vantagens**: Rápido, não necessita de ciclos térmicos.
- **Desvantagens**: Menos adotado, requer ainda alguma formação.

3. Métodos imunológicos

- **Ensaio de imunoabsorção enzimática (ELISA)**: Utiliza anticorpos para detetar antigénios específicos.
  - **Exemplos**: Deteção de *enterotoxinas de Salmonella, E. coli* e *Staphylococcus.*
- **Vantagens**: Elevada especificidade, relativamente simples.
- **Desvantagens**: Pode não distinguir entre agentes patogénicos vivos e mortos.
- **Ensaios de fluxo lateral (LFAs)**: Testes portáteis e rápidos semelhantes aos testes de gravidez.
  - **Exemplos**: Deteção no local de E. coli, Salmonella.
- **Vantagens**: Fácil de utilizar, resultados rápidos.
- **Desvantagens**: Menor sensibilidade em comparação com os métodos laboratoriais.

4. Sequenciação de nova geração (NGS)

- **Sequenciação do genoma completo (WGS)**: Fornece informações detalhadas sobre os genomas dos agentes patogénicos.
  - **Exemplos**: Investigação de surtos e rastreio da fonte.
- **Vantagens**: Alta resolução, dados completos.
- **Desvantagens**: Dispendioso, requer conhecimentos significativos em matéria de análise de dados.

Controlo de agentes patogénicos de origem alimentar

1. **Boas práticas agrícolas e de fabrico**

- **BPAs (Boas Práticas Agrícolas)**: Diretrizes para a produção segura de frutas, legumes e outras culturas.
  - **Exemplos**: Utilização correta do estrume, gestão da qualidade da água, higiene dos trabalhadores.
- **BPFs (Boas Práticas de Fabrico)**: Regulamentos para o fabrico, processamento e embalagem de alimentos.
  - **Exemplos**: Saneamento das instalações, manutenção do equipamento, higiene dos empregados.

2. **Análise de Perigos e Pontos Críticos de Controlo (HACCP)**

- **Princípios**: Identificação de pontos críticos no processo de produção onde os perigos podem ser prevenidos, eliminados ou reduzidos a níveis seguros.
  - **Passos**: Conduzir análises de perigos, identificar pontos críticos de controlo e estabelecer limites críticos, monitorizar medidas de controlo, acções corretivas, verificação e manutenção de registos.
- **Aplicação**: Amplamente utilizado nas indústrias alimentares para o controlo sistemático dos riscos biológicos, químicos e físicos.

3. **Métodos físicos**

- **Processamento térmico**: Tratamento térmico para matar os agentes patogénicos.
  - **Exemplos**: Pasteurização, esterilização, cozedura.
- **Processamento não térmico**: Métodos para inativar agentes patogénicos sem calor.
  - **Exemplos**: Processamento a alta pressão (HPP), luz ultravioleta (UV), campos eléctricos pulsados.

4. **Métodos químicos**

- **Sanitizantes e desinfectantes**: Produtos químicos utilizados para matar ou inibir os agentes patogénicos nas superfícies e no equipamento.
  - **Exemplos**: Cloro, compostos de amónio quaternário, peróxido de hidrogénio.
- **Conservantes**: Adicionados aos alimentos para inibir o crescimento microbiano.
  - **Exemplos**: Ácido sórbico, ácido benzoico, nitratos.

5. **Métodos biológicos**

- **Biopreservação**: Utilização de microbiota natural ou controlada e dos seus produtos antimicrobianos para prolongar o prazo de validade e aumentar a segurança alimentar.
  - **Exemplos**: Bactérias do ácido lático que produzem bacteriocinas, probióticos.
- **Bacteriófagos**: Vírus que infectam e matam bactérias específicas.
  - **Exemplos**: Preparações de fagos que visam Listeria, Salmonella e E. coli.

CAPÍTULO 12

Micróbios probióticos e promotores de saúde Mecanismos probióticos

Mecanismos dos probióticos: Como os probióticos promovem a saúde e modulam a microbiota intestinal

Os probióticos são microrganismos vivos que, quando consumidos em quantidades adequadas, conferem benefícios para a saúde do hospedeiro. Estes benefícios são principalmente mediados pelas suas interações com o microbiota intestinal e o sistema imunitário do hospedeiro. Aqui está uma visão detalhada de como os probióticos promovem a saúde e modulam a microbiota intestinal:

1. Exclusão da concorrência

- **Mecanismo**: Os probióticos competem com os microrganismos patogénicos pelos locais de adesão na mucosa intestinal e pelos nutrientes.
- **Efeito**: Ao competir com os agentes patogénicos, os probióticos ajudam a prevenir a colonização e a infeção por bactérias nocivas, mantendo uma microbiota intestinal equilibrada.

2. Produção de substâncias antimicrobianas

- **Mecanismo**: Os probióticos produzem substâncias como as bacteriocinas, os ácidos orgânicos (como o ácido lático e o ácido acético) e o peróxido de hidrogénio que inibem o crescimento dos agentes patogénicos.
- **Efeito**: Estes compostos antimicrobianos reduzem a carga de bactérias nocivas no intestino, contribuindo para um equilíbrio microbiano mais saudável.

3. Melhoria da função de barreira da mucosa

- **Mecanismo**: Os probióticos podem aumentar a produção de muco e reforçar as junções estreitas entre as células epiteliais no revestimento do intestino.
- **Efeito**: Uma barreira mucosa reforçada impede a translocação de agentes patogénicos e toxinas do lúmen intestinal para a corrente sanguínea, reduzindo assim a inflamação e os riscos de infeção.

4. Modulação do sistema imunitário

- **Mecanismo**: Os probióticos interagem com o tecido linfoide associado ao intestino (GALT) e modulam as respostas imunitárias através de várias vias.
  - **Estimulação das células imunitárias**: Os probióticos podem ativar macrófagos, células dendríticas e células T.
  - **Produção de citocinas**: Influenciam a produção de citocinas anti-inflamatórias (p. ex., IL-10) e de citocinas pró-inflamatórias (p. ex., IL-12, IFN-γ).
- **Efeito**: Esta modulação ajuda a melhorar a resposta imunitária contra os agentes patogénicos, mantendo a tolerância aos micróbios benéficos e aos antigénios alimentares, reduzindo o risco de doenças auto-imunes e inflamatórias.

5. Contribuições metabólicas

- **Mecanismo**: Os probióticos podem produzir ácidos gordos de cadeia curta (AGCC), como o butirato, o propionato e o acetato, através da fermentação de fibras alimentares.
- **Efeito**: Os SCFAs servem como fonte de energia para as células epiteliais do

cólon, mantêm o pH intestinal e têm propriedades anti-inflamatórias. Também regulam o metabolismo da glicose e dos lípidos, contribuindo para a saúde metabólica geral.

6. **Modulação do eixo intestino-cérebro**

- **Mecanismo**: Os probióticos influenciam o eixo intestino-cérebro através da produção de neurotransmissores (por exemplo, serotonina, GABA) e da modulação de sinais derivados do intestino.
- **Efeito**: Pode afetar o humor, as respostas ao stress e as funções cognitivas, aliviando potencialmente os sintomas de ansiedade, depressão e outras condições de saúde mental.

7. **Inibição da adesão e colonização de agentes patogénicos**

- **Mecanismo**: Os probióticos podem inibir diretamente a adesão dos agentes patogénicos ao epitélio intestinal através do bloqueio dos sítios receptores.
- **Efeito**: Impede o estabelecimento e a proliferação de microrganismos nocivos, reduzindo assim o risco de infecções.

8. **Degradação de toxinas**

- **Mecanismo**: Alguns probióticos possuem actividades enzimáticas que lhes permitem degradar e neutralizar as toxinas produzidas pelos agentes patogénicos.
- **Efeito**: Este processo de desintoxicação reduz os efeitos nocivos das bactérias patogénicas e contribui para a saúde intestinal.

Resumo

Os probióticos promovem a saúde e modulam o microbiota intestinal através de uma variedade de mecanismos, incluindo a exclusão competitiva, a produção de substâncias antimicrobianas e a melhoria da função de barreira da mucosa, a modulação do sistema imunitário, os contributos metabólicos e a modulação do eixo intestino-cérebro, a inibição da adesão e colonização de agentes patogénicos e a degradação de toxinas. Estas acções multifacetadas ajudam a manter uma microbiota intestinal equilibrada, a prevenir infecções, a reduzir a inflamação e a apoiar a saúde geral.

Aplicações clínicas:

Utilização de probióticos no tratamento de perturbações gastrointestinais, alergias e muito mais

Os probióticos, microrganismos benéficos que promovem a saúde quando ingeridos em quantidades adequadas, têm sido amplamente estudados pelo seu potencial terapêutico em várias condições de saúde. Aqui está uma visão geral da sua utilização no tratamento de distúrbios gastrointestinais, alergias e outros problemas de saúde:

1. **Distúrbios gastrointestinais**

Síndrome do Intestino Irritável (SII)

- **Mecanismo**: Os probióticos ajudam a modular o microbiota intestinal, melhorando a função de barreira da mucosa e reduzindo a inflamação intestinal.
- **Efeito**: Podem aliviar sintomas como inchaço, dor e movimentos intestinais

irregulares.

- **Exemplos**: *Bifidobacterium infantis, Lactobacillus plantarum.*

Doença inflamatória intestinal (DII)

- **Mecanismo**: Os probióticos exercem efeitos anti-inflamatórios e modulam as respostas imunitárias no intestino.
- **Efeito**: Podem ajudar a manter a remissão e a reduzir a frequência dos surtos em doenças como a doença de Crohn e a colite ulcerosa.
- **Exemplos**: *Escherichia coli* Nissle 1917, VSL#3 (uma mistura de várias estirpes probióticas).

Diarreia associada a antibióticos (DAA)

- **Mecanismo**: Os probióticos restabelecem o equilíbrio do microbiota intestinal afetado pela terapia antibiótica.
- **Efeito**: Podem prevenir ou reduzir a gravidade e a duração da diarreia causada pelo uso de antibióticos.
- **Exemplos**: *Lactobacillus rhamnosus GG, Saccharomyces boulardii.*

Infeção por Clostridium difficile

- **Mecanismo**: Os probióticos inibem o crescimento de C. difficile através da exclusão competitiva e da produção de antimicrobianos.
- **Efeito**: Podem reduzir a recorrência de infecções.
- **Exemplos**: *Saccharomyces boulardii, Lactobacillus acidophilus.*

Infeção por Helicobacter pylori

- **Mecanismo**: Os probióticos podem inibir o crescimento da H. pylori e reduzir a inflamação.
- **Efeito**: Podem aumentar a eficácia da terapia antibiótica convencional e reduzir os efeitos secundários.
- **Exemplos**: *Lactobacillus reuteri, Bifidobacterium bifidum.*

2. Alergias

Dermatite atópica (Eczema)

- **Mecanismo**: Os probióticos modulam as respostas imunitárias e melhoram a função de barreira intestinal.
- **Efeito**: Podem reduzir a gravidade e a frequência das crises de eczema nas crianças.
- **Exemplos**: *Lactobacillus rhamnosus GG, Bifidobacterium lactis.*

Rinite alérgica (febre dos fenos)

- **Mecanismo**: Os probióticos influenciam o sistema imunitário, alterando o equilíbrio para uma resposta menos alérgica (equilíbrio Th1/Th2).
- **Efeito**: Podem reduzir os sintomas de congestão nasal, comichão e espirros.
- **Exemplos**: *Lactobacillusparacasei, Bifidobacterium longum.*

Alergias alimentares

- **Mecanismo**: Os probióticos podem ajudar a promover a tolerância oral e a reduzir a permeabilidade intestinal.
- **Efeito**: Podem potencialmente reduzir a incidência e a gravidade das alergias

alimentares.

- **Exemplos**: *Lactobacillus casei, Bifidobacterium breve.*

3. **Outros problemas de saúde**

Infecções respiratórias

- **Mecanismo**: Os probióticos melhoram as respostas imunitárias sistémicas e produzem substâncias antimicrobianas.
- **Efeito**: Podem reduzir a incidência e a duração das constipações comuns e das infecções respiratórias.
- **Exemplos**: *Lactobacillus casei, Bifidobacterium animalis.*

Infecções do trato urinário (ITU)

- **Mecanismo**: Os probióticos inibem a adesão e a colonização de agentes patogénicos no trato urinário.
- **Efeito**: Podem reduzir a recorrência de ITUs, especialmente nas mulheres.
- **Exemplos**: *Lactobacillus rhamnosus GR-1, Lactobacillus reuteri RC-14.*

Obesidade e Síndrome Metabólica

- **Mecanismo**: Os probióticos modulam a composição do microbiota intestinal, melhoram a função de barreira intestinal e influenciam as vias metabólicas.
- **Efeito**: Podem ajudar na gestão do peso e melhorar os parâmetros metabólicos, como a sensibilidade à insulina e os perfis lipídicos.
- **Exemplos**: *Lactobacillus gasseri, Bifidobacterium lactis.*

Saúde mental

- **Mecanismo**: Os probióticos interagem com o eixo intestino-cérebro, influenciando a produção de neurotransmissores e a inflamação.
- **Efeito**: Podem aliviar os sintomas de ansiedade, depressão e outras perturbações do humor.
- **Exemplos**: *Lactobacillus helveticus, Bifidobacterium longum.*

Resumo

Os probióticos oferecem um potencial terapêutico promissor no tratamento de uma variedade de condições de saúde, incluindo distúrbios gastrointestinais como SII, DII e diarreia associada a antibióticos, bem como alergias, infecções respiratórias, ITU, obesidade e problemas de saúde mental. Ao modular a microbiota intestinal, melhorar as respostas imunitárias e melhorar a função de barreira intestinal, os probióticos podem promover a saúde e o bem-estar geral. No entanto, a eficácia dos tratamentos probióticos pode variar consoante as estirpes específicas utilizadas, a dosagem e o estado de saúde do indivíduo. A investigação em curso continua a explorar e a expandir as aplicações dos probióticos nos cuidados de saúde.

Segurança e regulamentação

Diretrizes para a utilização de probióticos em alimentos e medicamentos

Os probióticos são amplamente utilizados em produtos alimentares e suplementos médicos pelos seus benefícios para a saúde. No entanto, a sua utilização eficaz e segura exige o cumprimento de determinadas diretrizes e normas. Eis as principais diretrizes para a utilização de probióticos em alimentos e medicamentos:

1. **Especificidade e identificação da estirpe**

- **Diretrizes**: Utilizar estirpes bem caracterizadas e específicas com benefícios para a saúde documentados.
- **Implementação**: As estirpes probióticas devem ser identificadas ao nível do género, da espécie e da estirpe, utilizando técnicas moleculares (por exemplo, sequenciação do 16S rRNA).
- **Fundamentação**: As diferentes estirpes podem ter efeitos distintos na saúde, pelo que uma identificação exacta garante a obtenção dos benefícios pretendidos.

2. **Segurança e eficácia**

- **Diretrizes**: Garantir a segurança e a eficácia das estirpes probióticas através de testes rigorosos.
- **Implementação**: Realizar estudos pré-clínicos e clínicos para avaliar a segurança (por exemplo, ausência de patogenicidade e resistência a antibióticos) e a eficácia (por exemplo, capacidade de conferir benefícios para a saúde) das estirpes probióticas.
- **Fundamentação**: A segurança é fundamental para evitar efeitos adversos e a validação da eficácia garante que o probiótico proporciona os benefícios para a saúde alegados.

3. **Conformidade regulamentar**

- **Diretrizes**: Cumprir as normas regulamentares estabelecidas pelas autoridades sanitárias (por exemplo, FDA, EFSA).
- **Implementação**: Assegurar que os produtos probióticos cumprem os requisitos regulamentares em matéria de rotulagem, alegações de saúde e controlo de qualidade nas respectivas regiões.
- **Justificação**: O cumprimento da regulamentação garante a segurança, a qualidade e a transparência dos produtos para os consumidores.

4. **Rotulagem correta**

- **Diretrizes**: Fornecer informações claras e exactas nos rótulos dos produtos.
- **Implementação**: Incluir no rótulo informações específicas sobre a estirpe, a dosagem, as condições de armazenamento, o prazo de validade e as alegações de saúde apoiadas por provas científicas.
- **Fundamentação**: A rotulagem correta informa os consumidores e os prestadores de cuidados de saúde sobre o produto, assegurando a sua utilização adequada e eficaz.

5. **Dosagem e administração**

- **Diretrizes**: Recomendar dosagens adequadas com base em provas científicas.
- **Implementação**: Seguir os resultados dos estudos clínicos para determinar a dose eficaz e o esquema de administração de cada produto probiótico.
- **Fundamentação**: Doses adequadas garantem que o probiótico chega ao intestino em número suficiente para conferir benefícios para a saúde.

6. **Armazenamento e estabilidade**

- **Diretrizes**: Assegurar a estabilidade e a viabilidade dos probióticos durante todo o prazo de validade do produto.
- **Implementação**: Armazenar os probióticos nas condições recomendadas (por exemplo, refrigeração) e utilizar embalagens que protejam da humidade, do oxigénio e da luz.

- **Fundamentação**: A manutenção da viabilidade dos probióticos é crucial para a sua eficácia, uma vez que os microrganismos mortos ou degradados não proporcionam benefícios para a saúde.

7. **Utilização direcionada**

- **Diretrizes**: Utilizar probióticos direcionados para condições de saúde ou populações específicas.
- **Implementação**: Fazer corresponder as estirpes de probióticos ao problema de saúde a que se destinam (por exemplo, estirpes específicas para a SII, alergias ou ITU) e ter em conta factores como a idade, o estado de saúde e as condições médicas existentes do consumidor.
- **Fundamentação**: A utilização direcionada maximiza os potenciais benefícios e minimiza o risco de efeitos adversos ou de ineficácia.

8. **Controlo e apresentação de relatórios**

- **Diretrizes**: Monitorizar os efeitos da utilização de probióticos e comunicar os acontecimentos adversos.
- **Implementação**: Incentivar os consumidores e os prestadores de cuidados de saúde a comunicar quaisquer reacções adversas ou falta de eficácia aos organismos reguladores ou aos fabricantes.
- **Fundamentação**: A monitorização contínua ajuda a identificar quaisquer potenciais problemas de segurança e melhora a compreensão global dos efeitos dos probióticos.

CAPÍTULO 13

Avanços na Biotecnologia Microbiana

Engenharia genética

Ferramentas e técnicas para modificar genomas microbianos

A modificação de genomas microbianos é uma abordagem poderosa na biotecnologia microbiana, permitindo a criação de micróbios geneticamente modificados para várias aplicações. São utilizadas várias ferramentas e técnicas para conseguir modificações precisas e eficientes do genoma. Apresentamos de seguida uma visão geral das ferramentas e técnicas mais utilizadas:

1. **CRISPR-Cas9**

- **Descrição**: A CRISPR-Cas9 é uma tecnologia revolucionária de edição do genoma que permite modificações precisas das sequências de ADN.
- **Mecanismo**: O sistema é constituído por dois componentes principais: a nuclease Cas9 e um ARN guia (ARNg). O gRNA direciona a Cas9 para a sequência de ADN alvo, onde a Cas9 cria uma quebra de cadeia dupla. Os mecanismos de reparação da célula introduzem então alterações no local da quebra.
- **Aplicações**: Eliminação de genes, inserção de genes, substituição de genes e modificações de elementos reguladores.
- **Vantagens**: Elevada especificidade, eficiência e facilidade de conceção e utilização.

2. **Tecnologia de ADN recombinante**

- **Descrição**: Esta técnica envolve a inserção de ADN estranho num genoma microbiano utilizando vectores como os plasmídeos.
- **Mecanismo**: O fragmento de ADN desejado é inserido num vetor de plasmídeo, que é depois introduzido no micróbio hospedeiro por transformação, transdução ou conjugação. O ADN estranho é integrado e expresso no hospedeiro.

- **Aplicações**: Produção de proteínas recombinantes, engenharia de vias metabólicas e estudos de genómica funcional.
- **Vantagens**: Versátil e bem estabelecido com uma vasta gama de aplicações.

3. **Recombinação homóloga**

- **Descrição**: Um processo natural em que sequências de ADN com elevada semelhança trocam informação genética.
- **Mecanismo**: A recombinação homóloga é aproveitada através do fornecimento de um modelo de ADN dador com regiões homólogas à sequência alvo no genoma microbiano. Este modelo orienta a inserção, a eliminação ou a substituição precisa do material genético.
- **Aplicações**: Eliminação de genes, correcções genéticas precisas e integrações cromossómicas.
- **Vantagens**: Precisão e capacidade de introduzir grandes alterações no genoma.

4. **Mutagénese por transposão**

- **Descrição**: Esta técnica utiliza elementos transponíveis (transposões) para introduzir mutações em todo o genoma.

- **Mecanismo**: Os transposões são elementos genéticos móveis que podem inserir-se aleatoriamente em vários locais genómicos, interrompendo genes e criando mutações. Estes elementos podem conter marcadores selecionáveis para facilitar a sua identificação.
- **Aplicações**: Genómica funcional, identificação de genes essenciais e criação de bibliotecas de mutantes.
- **Vantagens**: A mutagénese aleatória permite um rastreio funcional de elevado rendimento.

5. Mutagénese dirigida ao local

- **Descrição**: Uma técnica utilizada para introduzir mutações específicas em locais exactos do genoma.
- **Mecanismo**: Os iniciadores de oligonucleótidos que contêm a mutação desejada são utilizados num método baseado na PCR para amplificar a sequência alvo. O produto amplificado é então introduzido no micróbio hospedeiro, onde substitui a sequência de tipo selvagem através de recombinação homóloga.
- **Aplicações**: Estudo da função das proteínas, engenharia enzimática e modificação de elementos reguladores.
- **Vantagens**: Precisão e capacidade de introduzir mutações pontuais direcionadas.

6. Técnicas de eliminação de genes

- **Descrição**: Métodos utilizados para inativar genes específicos para estudar a sua função ou para criar fenótipos desejados.
- **Mecanismo**: O knockout de genes pode ser conseguido através de CRISPR-Cas9, recombinação homóloga ou mutagénese por transposição, levando à interrupção ou eliminação do gene alvo.
- **Aplicações**: Genómica funcional, criação de organismos modelo e engenharia metabólica.
- **Vantagens**: Permite o estudo da função dos genes e a criação de mutantes com perda de função.

7. Biologia sintética e síntese de genomas

- **Descrição**: Uma abordagem avançada que envolve o projeto e a construção de novas partes, dispositivos e sistemas biológicos.
- **Mecanismo**: Utilizando a biologia sintética, podem ser sintetizados de novo e montados genomas microbianos inteiros. Os circuitos e vias genéticas sintéticas podem ser introduzidos nos micróbios para criar novas funções.
- **Aplicações**: Criação de formas de vida sintéticas, engenharia de vias metabólicas e produção de novas biomoléculas.
- **Vantagens**: Elevado nível de controlo sobre as modificações genéticas e a capacidade de criar sistemas biológicos inteiramente novos.

Resumo

As ferramentas e técnicas para modificar os genomas microbianos são diversas e poderosas, permitindo modificações genéticas precisas e eficientes. Técnicas como a CRISPR- Cas9, a tecnologia de ADN recombinante, a recombinação homóloga, a mutagénese por transposão, a mutagénese dirigida ao local, os métodos de eliminação de genes e a biologia sintética são amplamente utilizadas na biotecnologia microbiana. Estes métodos são essenciais para fazer avançar a investigação, melhorar as estirpes microbianas industriais e desenvolver novas aplicações na agricultura, na indústria e na gestão ambiental.

Biologia Sintética

Conceção e construção de novas partes e sistemas biológicos

A conceção e construção de novas partes e sistemas biológicos é um aspeto fundamental da biologia sintética, que tem como objetivo criar novas funções e sistemas biológicos através da engenharia de organismos vivos. Apresentamos de seguida os principais conceitos, ferramentas e metodologias envolvidos neste processo:

1. Peças biológicas modulares

- **Descrição**: As partes biológicas modulares são sequências de ADN normalizadas que desempenham funções específicas, tais como promotores, locais de ligação de ribossomas, sequências de codificação e terminadores.
- **Conceção**: As peças são concebidas para serem permutáveis, permitindo a montagem de circuitos genéticos complexos.
- **Exemplos**: BioBricks, um padrão amplamente utilizado para peças biológicas modulares, inclui milhares de peças caracterizadas disponíveis no Registo de Peças Biológicas Padrão.

2. Circuitos Genéticos

- **Descrição**: Os circuitos genéticos são redes de genes e elementos reguladores concebidos para realizar operações lógicas dentro de uma célula, à semelhança dos circuitos electrónicos.
- **Conceção**: Utilizando ferramentas computacionais e princípios de biologia sintética, os circuitos genéticos são concebidos para controlar a expressão genética, detetar sinais ambientais e implementar mecanismos de feedback.
- **Exemplos**: Interruptores de comutação, osciladores e portas lógicas.

3. Vias de síntese

- **Descrição**: As vias sintéticas são vias metabólicas artificiais que introduzem novas capacidades biossintéticas nos organismos.
- **Conceção**: As vias são construídas através da combinação de genes de diferentes organismos para produzir compostos desejados, tais como biocombustíveis, produtos farmacêuticos e produtos químicos industriais.
- **Exemplos**: Engenharia da Escherichia coli para produzir artemisinina, um precursor fundamental do medicamento antimalárico.

4. Técnicas de montagem de ADN

- **Descrição**: As técnicas de montagem de múltiplos fragmentos de ADN em construções maiores são essenciais para a biologia sintética.

- **Métodos**:

o **Gibson Assembly**: Um método isotérmico que junta fragmentos de ADN com extremidades sobrepostas.

o **Montagem Golden Gate**: Utiliza enzimas de restrição do tipo IIS para montar múltiplos fragmentos de ADN numa única reação.

o **Montagem de BioBrick**: Um método normalizado que utiliza a digestão por enzimas de restrição e a ligação.

5. **Ferramentas computacionais**

- **Descrição**: As ferramentas computacionais ajudam na conceção e otimização de peças, circuitos e vias genéticas.

- **Ferramentas**:

o **Software CAD (desenho assistido por computador)**: Ferramentas como Benchling, Geneious e SnapGene para a conceção de sequências de ADN.

o **Modelação e simulação**: Software como COPASI e CellDesigner para simular circuitos genéticos e vias metabólicas.

o **Recursos de bases de dados**: Bases de dados como o Registo de Partes Biológicas Padrão e o JBEI-ICE dão acesso a partes genéticas caracterizadas.

6. **Edição do genoma**

- **Descrição**: As ferramentas de edição do genoma são utilizadas para introduzir modificações precisas nos genomas microbianos.

- **Ferramentas**:

o **CRISPR-Cas9**: Um sistema versátil para a edição orientada do genoma.

o **TALENs e ZFNs**: Nucleases personalizáveis para modificações precisas do ADN.

7. **Plataformas de biologia sintética**

- **Descrição**: As plataformas integradas simplificam a conceção, a construção e o ensaio de sistemas biológicos sintéticos.

- **Exemplos**:

o **Fundições de ADN**: Instalações que fornecem serviços de síntese, montagem e ensaio de ADN de elevado rendimento (por exemplo, Ginkgo Bioworks, SGI-DNA).

o **Microfluídica**: Tecnologias Lab-on-a-chip para automatizar experiências de biologia sintética.

8. **Normalização e caraterização**

- **Descrição**: A normalização garante a compatibilidade e a reprodutibilidade de peças e sistemas de biologia sintética.

- **Normas**:

o **Norma BioBrick**: Uma norma amplamente adoptada para a montagem física de peças de ADN.

o **Synthetic Biology Open Language (SBOL)**: Uma norma para representar desenhos genéticos num formato computacionalmente acessível.

- **Caracterização**: Documentação detalhada do desempenho e comportamento da peça sob várias condições.

9. **Aplicações e estudos de caso**

- **Aplicações**:
  - **Cuidados de saúde**: Engenharia de micróbios para produzir produtos farmacêuticos, desenvolver novas vacinas e criar ferramentas de diagnóstico.
  - **Agricultura**: Conceber micróbios para biofertilizantes, biopesticidas e melhorar o ciclo de nutrientes .
  - **Ambiente**: Criação de micróbios para bioremediação e produção sustentável de biocombustíveis e bioplásticos.
- **Estudos de caso**:
  - **Produção de Artemisinina**: Engenharia de leveduras para produzir o precursor do medicamento antimalárico artemisinina.
  - **Produção de biocombustíveis**: Desenvolvimento de estirpes microbianas que convertem a biomassa em biocombustíveis como o etanol e o butanol.

Resumo

A conceção e construção de novas partes e sistemas biológicos envolve uma combinação de partes biológicas modulares, circuitos genéticos, vias sintéticas, técnicas de montagem de ADN, ferramentas computacionais, edição do genoma, normalização e caraterização. Estas metodologias permitem a criação de organismos artificiais com novas funções, oferecendo um vasto potencial para aplicações nos cuidados de saúde, na agricultura, na indústria e na gestão ambiental. O domínio da biologia sintética continua a avançar, impulsionado pela inovação em ferramentas e técnicas que facilitam uma engenharia genética precisa e eficiente.

As tecnologias emergentes em vários domínios estão a moldar as tendências futuras com aplicações potenciais profundas. Eis alguns domínios e as suas tecnologias emergentes:

1. **Biotecnologia e biologia sintética**

- **Tecnologias CRISPR-Cas**: Os avanços contínuos nos sistemas CRISPR-Cas estão a melhorar as capacidades de edição genética de precisão em todos os organismos, desde os micróbios aos seres humanos.
- **Genómica sintética**: Desenvolvimento de genomas sintéticos e células mínimas para aplicações industriais, biomedicina e engenharia ambiental.
- **Biologia sintética sem células**: Expansão de sistemas sem células para a criação rápida de protótipos de circuitos genéticos e vias metabólicas fora das células vivas.

2. **Inteligência artificial (IA) e aprendizagem automática (ML)**

- **Descoberta de medicamentos com base em IA**: Utilização de algoritmos de IA para acelerar os processos de descoberta de medicamentos, prever interações medicamentosas e identificar novos alvos terapêuticos.
- **Agricultura de precisão**: Aplicações de IA na agricultura para monitorização

de culturas, previsão de rendimento e gestão optimizada de recursos, melhorando a sustentabilidade e a eficiência.

- **Sistemas autónomos**: Veículos autónomos, drones e sistemas robóticos orientados por ML para várias aplicações, incluindo logística, cuidados de saúde e fabrico.

3. **Nanotecnologia e ciência dos materiais**

- **Nanomedicina**: Desenvolvimento de dispositivos à escala nanométrica para administração de fármacos, imagiologia e diagnóstico direcionados, revolucionando a medicina personalizada.
- **Materiais nanoestruturados**: Avanços em materiais com propriedades melhoradas para armazenamento de energia, purificação de água e remediação ambiental.
- **Eletrónica flexível**: Eletrónica flexível e vestível utilizando nanomateriais para monitorização dos cuidados de saúde, têxteis inteligentes e eletrónica de consumo da próxima geração.

4. **Energias renováveis e sustentabilidade**

- **Armazenamento de energia**: Inovações em tecnologias de baterias, incluindo baterias de estado sólido e baterias de fluxo, para permitir a adoção generalizada de fontes de energia renováveis.
- **Economia circular**: Integração de tecnologias avançadas de reciclagem e de materiais biodegradáveis para reduzir os resíduos e promover práticas de produção sustentáveis.
- **Engenharia climática**: Investigação de técnicas de geoengenharia para atenuar os impactos das alterações climáticas, como a captura de carbono e a gestão da radiação solar.

5. **Exploração espacial e aeroespacial**

- **Turismo espacial**: Comercialização de viagens espaciais com foguetões reutilizáveis e avanços nos habitats espaciais para uma presença humana prolongada no espaço.
- **Tecnologia de satélites**: Miniaturização de satélites e constelações para conetividade global, deteção remota e monitorização ambiental.
- **Tecnologias de exploração**: Missões robóticas e missões de devolução de amostras a corpos celestes, preparando o caminho para futuros esforços de exploração e colonização tripuladas.

6. **Transformação digital e conetividade**

- **5G e mais além**: Implantação de redes 5G de alta velocidade e baixa latência que permitem cidades conectadas, infra-estruturas inteligentes e aplicações da Internet das Coisas (IoT).
- **Tecnologia Blockchain e Distributed Ledger**: Aplicações para além das criptomoedas, incluindo transacções seguras, transparência da cadeia de abastecimento e finanças descentralizadas (DeFi).
- **Realidade Aumentada (RA) e Realidade Virtual (RV)**: Integração de

tecnologias AR/VR em ambientes de cuidados de saúde, educação, jogos e trabalho remoto, transformando as experiências dos utilizadores.

7. Ética, política e regulamentação

- **IA ética**: Desenvolvimento de orientações e quadros para garantir uma implantação responsável da IA, abordando preconceitos, preocupações com a privacidade e impactos sociais.
- **Medicina regenerativa**: Considerações éticas sobre a investigação em células estaminais, tecnologias de organoides e melhoramentos genéticos, equilibrando o progresso científico com as implicações éticas.
- **Regulamentos ambientais**: Reforço dos acordos e políticas internacionais para enfrentar os desafios ambientais, a perda de biodiversidade e os objectivos de desenvolvimento sustentável.

CAPÍTULO 14

Técnicas experimentais na investigação microbiana

- **Métodos de cultura**: Técnicas para isolar e cultivar micróbios.

As técnicas de isolamento e cultivo de micróbios são fundamentais para a investigação microbiológica e para várias aplicações em biotecnologia, medicina e ciências ambientais. Seguem-se alguns métodos comuns utilizados para isolar e cultivar micróbios:

1. **Técnicas de esterilização**

- **Ambiente estéril**: Trabalhar em condições asépticas utilizando exaustores de fluxo laminar ou armários de segurança biológica para evitar a contaminação.
- **Equipamento esterilizado**: Autoclave o material de vidro, os meios e outro equipamento para garantir a esterilidade antes da utilização.

2. **Preparação de meios de cultura**

- **Ágar Nutriente**: Meio de uso geral que contém nutrientes como peptonas, sais e ágar para solidificar o meio.
- **Meios selectivos**: Contém ingredientes (por exemplo, antibióticos) para selecionar tipos microbianos específicos.
- **Meios diferenciais**: Contém indicadores (por exemplo, indicadores de pH) para distinguir entre diferentes tipos de micróbios com base em actividades metabólicas.

3. **Técnicas de inoculação**

- **Método da placa com estrias**: Espalhar a amostra microbiana sobre a superfície das placas de ágar num padrão de estrias para isolar colónias individuais.
- **Método da placa de espalhamento**: Espalhar uniformemente uma amostra microbiana diluída sobre a superfície do ágar, utilizando uma espátula esterilizada.
- **Método da Placa de Verter**: Misturar a amostra microbiana com ágar derretido antes de verter para as placas para permitir o crescimento de colónias no ágar.

4. **Condições de incubação**

- **Temperatura**: Incubar as placas a temperaturas óptimas para micróbios específicos (por exemplo, 37°C para muitos agentes patogénicos humanos).
- **Atmosfera**: Utilizar frascos anaeróbios, incubadoras de CO2 ou condições microaerófilas, dependendo dos requisitos microbianos.

5. **Identificação microbiana**

- **Testes bioquímicos**: Realizar testes para identificar caraterísticas microbianas, tais como actividades enzimáticas, fermentação de açúcar e produção de gás.
- **Técnicas moleculares**: Utilizar PCR, sequenciação de ADN e outros métodos moleculares para identificar micróbios com base em marcadores genéticos.

6. **Manutenção da cultura pura**

- **Subcultura**: Transferir periodicamente as colónias isoladas para meios frescos para manter a viabilidade e a pureza.
- **Criopreservação**: Congelar as culturas em glicerol ou noutros crioprotectores

a temperaturas muito baixas para armazenamento a longo prazo.

7. **Técnicas avançadas**

- **Microfluídica**: Utilizar dispositivos à escala microscópica para rastreio de elevado rendimento, análise de células e estudos microambientais controlados.

8. **Metagenómica**: Sequenciação direta de amostras ambientais para estudar comunidades microbianas sem cultura. Automated Systems

- **Plataformas robóticas**: Automatize a preparação, inoculação e análise de culturas para aumentar o rendimento e a reprodutibilidade.

Técnicas moleculares: PCR, sequenciação, clonagem de genes e CRISPR

As técnicas moleculares como a PCR (Reação em Cadeia da Polimerase), a sequenciação, a clonagem de genes e o CRISPR (Clustered Regularly Interspaced Short Palindromic Repeats) revolucionam a forma como os cientistas estudam e manipulam o material genético. Aqui está uma visão geral de cada técnica:

1. **Reação em cadeia da polimerase (PCR)**

- **Objetivo**: A PCR amplifica sequências de ADN específicas, gerando milhões de cópias a partir de uma pequena quantidade inicial de ADN.
- **Processo**:
  - o Desnaturação: O calor separa as cadeias duplas de ADN em cadeias simples.
  - o Recozimento: Os primers ligam-se a sequências complementares que flanqueiam a região alvo.
  - o Extensão: A DNA polimerase sintetiza novas cadeias de DNA usando nucleótidos, estendendo-se a partir dos primers.
- **Aplicações**: Sequenciação de ADN, análise da expressão genética, diagnóstico de doenças genéticas, análise forense.

2. **Sequenciação de ADN**

- **Objetivo**: Determina a ordem dos nucleótidos (A, T, C, G) numa molécula de ADN, revelando a informação genética.
- **Métodos**:
  - o **Sequenciação de Sanger**: Utiliza dideoxinucleótidos terminadores de cadeia para sequenciar fragmentos de ADN.
  - o **Sequenciação de nova geração (NGS)**: Métodos de elevado rendimento que sequenciam milhões de fragmentos de ADN em simultâneo.
- **Aplicações**: Sequenciação do genoma, identificação de mutações, estudos evolutivos, medicina personalizada.

3. **Clonagem de genes**

- **Objetivo**: Produz cópias idênticas de um gene ou de um fragmento de ADN, inserindo-o num vetor (plasmídeo ou ADN viral) e transferindo-o para um organismo hospedeiro (geralmente bactérias).
- **Processo**:
  - o **Inserção**: O gene de interesse e o vetor são cortados com as mesmas enzimas de restrição e ligados entre si.
  - o **Transformação**: O ADN recombinante é introduzido em células hospedeiras

(por exemplo, E. coli) que replicam e expressam o gene.

- **Aplicações**: Produção de proteínas recombinantes, engenharia genética, terapia génica, estudo da função dos genes.

4. CRISPR (Repetições Palindrómicas Curtas Agrupadas Regularmente Interespaçadas)

- **Objetivo**: A ferramenta de edição do genoma derivada dos sistemas imunitários bacterianos, especificamente a CRISPR-Cas9, permite a modificação precisa de sequências de ADN.
- **Processo**:
  - **O ARN-guia (ARNg)** direciona a enzima Cas9 para sequências específicas de ADN, onde cria quebras de cadeia dupla.
  - **Reparação do ADN**: As células reparam a quebra através da junção de extremidades não-homólogas (NHEJ) ou da reparação dirigida por homologia (HDR), introduzindo edições ou novas sequências.
- **Aplicações**: Eliminação de genes, correção de genes, regulação de genes, modelação de doenças, biotecnologia agrícola.

Avanços e integração

- **Avanços**: Melhorias contínuas na eficiência, especificidade e versatilidade destas técnicas através de inovações tecnológicas e ferramentas de bioinformática.
- **Integração**: Utilização combinada destas técnicas na investigação interdisciplinar, como o estudo de doenças complexas, a engenharia de micróbios para aplicações biotecnológicas e a compreensão das relações evolutivas.

Microscopia e imagiologia: Microscopia de luz, eletrónica e de fluorescência.

As técnicas de microscopia e imagem são ferramentas essenciais na investigação biológica, permitindo aos cientistas visualizar e estudar estruturas, interações e dinâmicas microbianas a várias escalas. Aqui está uma visão geral dos principais tipos de microscopia utilizados:

1. Microscopia de luz

- **Princípio**: Utiliza luz visível para iluminar espécimes, permitindo a observação de amostras vivas ou fixas.
- **Tipos**:
  - **Microscopia de campo claro**: Ilumina os espécimes contra um fundo brilhante, adequado para observar amostras coradas ou naturalmente pigmentadas.
  - **Microscopia de contraste de fase**: Aumenta o contraste em amostras transparentes, tais como células vivas, explorando diferenças no índice de refração.
  - **Microscopia de campo escuro**: Ilumina as amostras contra um fundo escuro, aumentando a visibilidade de amostras não coradas ou fracamente coradas.
- **Aplicações**: Exame de rotina de microorganismos, amostras de tecidos e células vivas em biologia e medicina.

2. Microscopia eletrónica (EM)

- **Princípio**: Utiliza feixes de electrões em vez de luz, permitindo obter imagens de maior resolução de detalhes ultrafinos.

- **Tipos**:
  - **Microscopia Eletrónica de Transmissão (TEM)**: Os electrões passam através de secções finas de espécimes para criar imagens detalhadas das estruturas internas.
  - **Microscopia eletrónica de varrimento (SEM)**: Os electrões varrem a superfície dos espécimes para criar imagens 3D com elevada profundidade de campo.
- **Aplicações**: Visualização detalhada da ultra-estrutura microbiana, organelos, vírus e materiais em nanoescala.

3. Microscopia de fluorescência

- **Princípio**: Utiliza corantes fluorescentes ou proteínas que emitem luz de um comprimento de onda específico quando excitados por uma fonte de luz.
- **Tipos**:
  - **Microscopia de fluorescência de campo amplo**: Excita os fluoróforos em todo o campo de visão, adequado para imagiologia de células vivas e estudos de colocalização.
  - **Microscopia confocal de varrimento por laser (CLSM)**: Utiliza um feixe laser focado para digitalizar amostras ponto a ponto, gerando imagens 3D de alta resolução com seccionamento ótico.
- **Aplicações**: Visualização de moléculas específicas, localização de proteínas, dinâmica de sinalização celular e interações em comunidades microbianas.

Avanços e integração

- **Microscopia de super-resolução**: Técnicas como a microscopia de depleção por emissão estimulada (STED) e a microscopia de iluminação estruturada (SIM) atingem resoluções para além do limite de difração, permitindo a visualização de estruturas à nanoescala.
- **Microscopia correlativa**: Integra múltiplas modalidades de imagem (por exemplo, microscopia ótica com EM) para correlacionar informações funcionais e estruturais em diferentes escalas.
- **Imagiologia de células vivas**: Os avanços nas técnicas de microscopia e nas sondas fluorescentes permitem a monitorização em tempo real de comportamentos microbianos, como o crescimento, a motilidade e a resposta a estímulos ambientais.

Considerações práticas

- **Preparação de amostras**: Essencial para obter imagens de alta qualidade, incluindo fixação, coloração (se aplicável) e seccionamento para EM.
- **Análise de imagens**: Ferramentas computacionais e software para processamento, análise e quantificação de dados obtidos em experiências de microscopia.
- **Imagiologia multimodal**: Combinação da microscopia com outras técnicas, como a espetroscopia, a tomografia e a microscopia de força atómica, para uma caraterização abrangente.

A microscopia e a imagiologia continuam a evoluir com os avanços tecnológicos, fornecendo conhecimentos poderosos sobre a biologia microbiana e contribuindo para os avanços na medicina, biotecnologia, ciências ambientais e muito mais.

Referências

1) Madigan, M. T., Martinko, J. M., Stahl, D. A., & Clark, D. P. (2017). Biologia Brock de Microrganismos. Pearson Education.

2) Atlas, R. M., & Bartha, R. (1997). Princípios de Ecologia Microbiana. Jones and BartlettPublishers.

3) Alberts, B., Johnson, A., Lewis, J., Morgan, D., Raff, M., Roberts, K., & Walter, P. (2017).Molecular Biology of the Cell (6th ed.). Garland Science.

4) Tortora, G. J., Funke, B. R., & Case, C. L. (2017). Microbiologia: Uma Introdução (12ª ed.).Pearson Education.

5) Murray, P. R., Rosenthal, K. S., & Pfaller, M. A. (2015). Microbiologia Médica (8ª ed.).Elsevier.

6) Madsen, E. L. (2011). Microbiologia Ambiental: From Genomes to Biogeochemistry. Wiley-Blackwell.

7) Willey, J. M., Sherwood, L. M., & Woolverton, C. J. (2019). Microbiologia de Prescott (10ª ed.).McGraw-Hill Education.

8) Waites, M. J., Morgan, N. L., Rockey, J. S., & Higton, G. (2001). Microbiologia Industrial: AnIntroduction. Wiley-Blackwell.

9) Setor, M. P. (1999). Microbial Physiology. Wiley-Liss.

10) Doyle, J. D., & Strom, M. S. (2001). Methods in Microbiology series. Elsevier.

11) Cossart, P., & Boquet, P. (2004). Subversão da sinalização das células hospedeiras por agentes patogénicos. Science, 304(5668), 1014-1018.

12) Hugenholtz, P., Goebel, B. M., & Pace, N. R. (1998). Impacto de estudos independentes de cultura na visão filogenética emergente da diversidade bacteriana. Journal of Bacteriology, 180(18), 4765- 4774.

13) Falkow, S. (2004). Os postulados moleculares de Koch aplicados à patogenicidade bacteriana - uma recordação pessoal 15 anos depois. Nature Reviews Microbiology, 2(1), 67-72

MIX
Papier aus verantwortungsvollen Quellen
Paper from responsible sources
FSC® C105338

Printed by Books on Demand GmbH, Norderstedt / Germany